회복탄력성의 힘

쉽게 포기하지 않고 결국 해내는 아이의 비밀

회복탄력성의 힘

지니 킴 지음

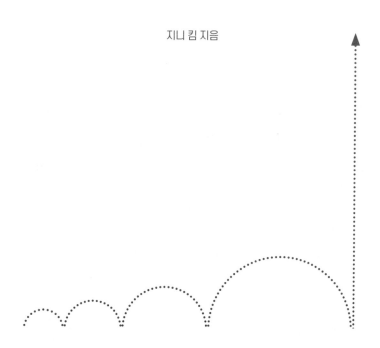

빅피시
BIG FISH

아이의 내면에 잠재된
회복탄력성을 깨워라

테사, 케일리, 헤더가 교실 책상에 모여 앉아서 퍼즐을 맞추고 있습니다. 좀처럼 속도가 나지 않자 케일리는 "아, 나 안 할래. 너희들끼리 해"라고 하며 자리를 뜹니다. 테사와 헤더는 색상이 같은 조각들을 모으자고 의기투합합니다. 두 아이는 퍼즐 조각들을 색상별로 분류하며 그림을 맞추지만 얼마 안 있어 헤더가 두리번거리기 시작합니다. 그러고는 하기 싫어졌다며 자리를 뜹니다. 테사는 혼자 남아서 조각들을 여기저기 옮겨가며 결국 퍼즐을 완성합니다.

교실에서 아이들이 보이는 태도는 다양합니다. 케일리처럼 시도하자마자 바로 포기하는 아이, 헤더처럼 조금은 해보지만 힘들어지면 이내 포기하는 아이, 테사처럼 끈기를 가지고 끝까지 해내는 아이도 있지요.

여러분의 아이는 어떤가요? 문제가 좀 어렵다고 풀이를 쉽게 포기하진 않나요? 잘 못하는 것이나 처음 하는 일은 무조건 피하려 하진 않나요? 하던 일이 조금만 안 풀려도 울고 소리치며 감정을 발산하진 않나요? 별거 아닌 일에도 쉽게 풀이 죽고 그 상태가 며칠이고 지속되진 않나요?

우리 어른들은 알고 있지요, 살다 보면 쉬운 일만 있지 않다는 것을. 역경은 언제 어떻게 찾아올지 모르는 삶의 일부로, 예고 없이 찾아와 우리를 흔들어놓곤 하는데, 그 역경을 잘 이겨내면 한 단계 더 성장하고 단단해진다는 것도 압니다. 설사 모두가 부러워할 만한 삶을 사는 것 같은 사람이라도, 권력이나 돈이 많다고 해도, 공부나 운동을 잘한다고 해도 저마다의 역경을 마주하기 마련입니다. 그러니 흔히 말하듯 '이 험한 세상을 어찌 살아갈지' 걱정되는 게 부모 마음입니다.

더군다나 아직 어린 우리 아이 앞에는 새로운 것, 도전할 것투성이고, 때론 좌절하고 다시 이겨내며 성장이란 걸 하게 됩니다. 아이가 부모 품에 있을 때는 그래도 어느 정도 어려움을 통제해줄 수 있지만 학교에 가기 시작하고 아이만의 사회생활이 시작되면 더 이상 부모가 아이의 어려움을 해결해줄 수 없습니다. 그래서 삶의 기초를 마련하는 유아동기에 아이가 스스로 어려움을 극복하는 힘을 만들어줘야 합니다. 그 힘이 바로 회복탄력성입니다.

공부 잘하고 사회성 좋은 아이의 비밀

회복탄력성은 특정 아이에게만 있는 특별한 능력이 아닙니다. 누구나 회복탄력성을 가지고 있지만, 그 능력을 꺼내 사용하는 방법을 모르거나 경험이 부족하여 활용하지 못할 뿐이지요. 물론 회복탄력성의 자원을 더 가지고 태어나는 아이도 있습니다. 하지만 경험과 환경에 따라 회복탄력성의 역량이 후천적으로 강화되거나 약화될 수 있습니다.

아이가 마주할 역경의 크기와 양상은 아이가 성장함에 따라 다양하게 진화합니다. 상황과 관계가 변화함에 따라 계속해서 달라질 수밖에 없습니다. 그래서 회복탄력성이란 평생에 걸쳐 키워나가야 하는 긴 여정과 같습니다. 아이뿐만 아니라 성인도 반복적인 훈련으로 회복탄력성을 키울 수 있습니다. 부모의 삶에도 회복탄력성을 적용한다면, 아이를 포함한 가족 구성원 모두의 일상이 좀 더 건강하고 행복해질 것입니다.

어려서부터 회복탄력성의 자원들을 활용하여 이겨내본 아이들이 그렇지 못한 아이들보다 훨씬 유리한 위치에 서게 됩니다. 회복탄력성을 발휘하게 해주는 여러 가지 도구를 사용해보며 나만의 무기를 갈고 닦아온 아이는 살아가며 어떤 시련을 만나더라도 회복탄력성을 쉽게 꺼내어 쓸 수 있게 됩니다. 스트레스를 건강한 방법으로 다루는 경험을 쌓은 아이는 이것을 해결하는 데 한 가지 방법만이 존재한다고 생각하지 않습니다. 자신의 필살기를 먼저 꺼내 써보고, 만약 그것이 효과가 없다면 또 다른 방법을 사용해보는 것이지요. 실패해도 스스로 일어설 방법을 모색해나갑니다.

공부 잘하고 사회성도 좋고 단단한 아이로 키우고 싶다면 육아의 중심에 회복탄력성이 있어야 합니다. 힘들고 어려운 일을 마주해도 회피하지 않고 당당히 맞설 수 있는 아이, 그럼에도 불구하고 이루고야 마는 아이, 역경을 마주하고도 희망을 잃지 않는 아이, 좌절해도 다시 일어나는 아이, 자신을 믿고 도전하는 긍정적인 아이로 키우고 싶다면 회복탄력성에 주목하세요.

아이에게 물려줄 수 있는 최고의 자산

이 책에서는 그 희망의 열쇠, 회복탄력성을 일상에서 쉽게 키우는 방법을 알려드립니다. 하버드대 재학 시절 진행했던 아이의 회복탄력성에 관한 연구와 20년 넘게 미국에서 교육자로 일하면서 아이들의 고유한 발달 양상에 맞추어 직접 만들고 수정한 커리큘럼을 바탕으로 현실적인 방법들을 담았습니다.

한 가지 육아법이 각기 다른 성향의 아이들에게 모두 통할 리

없듯이, 아이마다 회복탄력성을 발휘하는 양상도 천차만별입니다. 그래서 1부에서는 아이들이 경험하는 좌절과 실패 그리고 역경이 무엇인지 살펴봅니다. 그리고 회복탄력성이 강한 아이들의 특성을 알아봅니다.

아이들이 타고나는 회복탄력성의 요소는 다르지만 후천적인 경험과 훈련을 통해 회복탄력성을 키울 수 있습니다. 그래서 2부에서는 회복탄력성을 어떻게 키워줄 수 있는지 구체적인 방법을 제시합니다. 그리고 회복탄력성을 삶의 여러 요소와 연결해 확장하는 방법도 설명합니다. 회복탄력성을 타인과 연결하면 사회성이 길러지고, 공부와 연결하면 성적이 오릅니다. 이 책을 통해 아이가 회복탄력성을 잘 발휘하도록 돕는 환경을 만들어줄 수 있을 것입니다.

간혹 아이한테 풍족한 환경이나 좋은 유전자를 물려주지 못했다며 미안해하거나 한탄하는 부모를 봅니다. 그러나 많은 재산을 물려줘도 회복탄력성이 없는 자녀는 세상의 풍파에 그 재산을 지키기 힘들어집니다. 좋은 머리와 재능을 물려줘도 회복탄력성이 없는 아이는 작은 실패에 쉽게 좌절해 선물 같은 재능도 썩혀버립니다. 부모가 아이에게 물려줄 수 있는 최고의 자산은 바로 회복탄력성입니다.

회복탄력성은 인생의 마법과 같은 힘입니다. 아이의 인생을 보석같이 환하고 아름답게 비추기 위해서는 아이가 품고 있는 회복탄력성이란 보석을 캐내어 갈고 닦도록 도와주세요. 그래서 아이가 세상에서 환한 빛을 밝히게 합시다. 잠재되어 있는 아이의 회복탄력성을 깨워봅시다. Unlock child's Resilience!

실리콘밸리에서

지니 킴

2부
잠재되어 있는 아이의 회복탄력성 깨우는 법

1부

우리 아이 강철멘탈 만드는
회복탄력성

1장

하버드대 학생들은
회복탄력성 지수가 높다

아이를 임신하는 순간부터 부모들은 '아이가 이렇게 자랐으면 좋겠다'는 기대에 부풉니다. 우선 건강했으면 좋겠고, 공부도 잘했으면 좋겠고, 친구들과도 잘 지냈으면 좋겠고, 외모도 빠지지 않았으면 좋겠고, 인성도 바른 아이로 자랐으면 좋겠지요. 더 나아가 성공해서 번듯한 삶을 살았으면 좋겠고요. 무엇보다 행복하게 살아가기를 바랄 것입니다. 아이가 행복할 수만 있다면 뭐든 다 해주고 싶은 게 부모 마음이지요.

그래서 육아서도 보고 강의도 들으면서 아이를 잘 키우기 위해 노력합니다. 그리고 아이에게 최상의 환경을 제공하려고 애씁니다. 많은 부모가 가장 먼저 물질적인 것을 떠올릴 거예요. 좋은 옷을 입혀야 어디 가서 기죽지 않을 것 같고, 좋은 동네, 좋은 학군에서 키워야 아이가 엇나가지 않고 공부도 잘하고 성공할 거라고 생각합니다.

물론 기본적인 물질적 안락함은 필요하고 환경이 아이 성장에 중요한 영향을 미치는 것도 사실입니다. 하지만 그렇다고 해서 부잣집 아이들은 모두 훌륭하게 크고 가난한 집 아이들은 모두 나쁘게만 크지 않습니다. 부유한 가정에서 자라는 아이는 물질적 어려움은 없을지 몰라도 다른 어려움에 직면합니다.

저는 20여 년간 미국의 여러 학교에서 아이들을 가르쳤는데, 그중에는 부촌에 사는 아이도 있었고 빈민가에 사는 아이도 있었어요. 많은 사람이 부촌의 아이들은 구김 없이 밝고 빈민가의 아이들은 결핍으로 인해 비뚤어져 있을 거라고 생각할 수도 있지만, 환경에 따른 아이들의 모습은 그리 단순하지 않습니다.

비슷한 난관에도
아이들의 반응은 다 다르다

맨해튼 부촌의 초등학교에는 유복한 아이들이 많이 있었는데 그중 기억에 남은 아이가 몇 있습니다.

소피아는 아빠가 금융계에서 일하던 사람이라 새벽 5시면 출근하고 소피아가 잠든 후에 퇴근했습니다. 뮤지컬 배우인 엄마 또한 저녁 공연이 많아서 소피아는 부모님 얼굴조차 자주 보지 못했습니다. 같이 사는 베이비시터가 소피아의 모든 것을 챙겨주고 방과 후에는 뭔가를 배우러 다니며 시간을 보냈습니다.

명품 옷을 입고 다니던 소피아는 겉으로는 화려했지만, 사소한 일에도 화를 잘 내고 물건을 집어 던지기 일쑤였어요. 하루는 소피아가 귀여운 캐릭터가 그려진 가방을 가져왔는데 옆에 있던 친구가 그 가방을 보고 유치하다고 말했어요. 그러자 소피아는 화가 나서 가방을 집어 던지면서 "저딴 거 필요 없어. 버리면 그만이야!"라고 소리를 버럭 지르더군요.

하루는 급식실에서 소피아가 과자 봉지를 바닥에 버리고 과자만 쏙 빼서 꺼내어 먹기에, 제가 과자 봉지를 주워서 쓰레기통에 넣으라고 지도했습니다. 그러자 소피아는 "쓰레기 줍는 것은 내 일이 아니에요. 그건 청소하는 사람들이 할 일이지"라고 말하더군요. 그래서 여기는 학교이고 나는 선생님이라 학생들이 바른 생활을 할 수 있도록 가르치는 의무가 있다고, 주워서 버리라고 다시 말했습니다. 소피아는 봉지를 주워 쓰레기통에서 버렸지만, 저를 흘겨보고 있었습니다. 그러고는 운동장으로 나가면서 분하다는 듯 들고 있던 연필을 두 손으로 붙잡고 뚝 부러뜨렸습니다.

프리스턴도 아주 유복한 가정에서 자라는 아이였습니다. 운전기사가 매일 다른 슈퍼카로 프리스턴을 등교시켜줄 정도였죠. 프리스턴의 아빠는 잘 알려진 건축가였는데, 엄마에 대해서는 선생님들도 잘 몰랐습니다. 학부모 상담 기간에도 프리스턴 엄마는 학교에 오지 않았고, 아이도 엄마에 대한 이야기를 하지 않았습니다.

프리스턴은 학교에서 말썽을 부리거나 하진 않았어요. 오히려 있는지 없는지 모를 정도로 조용히 지내는 아이였습니다. 웃는 모습도 거의 보지 못했습니다. 울거나 화를 내는 것을 본 적도 없고, 시종일관 무표정으로 조용히 지내던 아이였죠. 운동장에 나가 노는 시간에도 프리스턴은 벤치에 누워 있거나 머리나 배가 아프다고 호소하곤 했습니다. 선생님이 같이 놀 친구를 붙여주려고 노력해도, 단답형으로만 대답해 대화가 잘 이어지지 않으니 친구들이 금세 가버리는 상황이 반복되었습니다.

소피아와 프리스턴은 집이 유복하지만 부모님들과의 관계가 안정적이거나 친밀하지 못하다는 공통점을 갖고 있었습니다. 둘 다 사람들과 관계를 맺으며 소통하는 것에 어려움을 겪고 있지만 양상은 달랐죠. 소피아는 매사에 화가 많고 감정을 조절하지 못해 다 발산하는 반면, 프리스턴은 감정을 속으로 꾹꾹 누르고 숨긴다는 느낌이 강했고 무기력한 모습으로 살아갔어요.

모든 것이 결핍되어 보이지만 행복한 아이

브루클린의 빈민가에 있는 학교에서 근무할 때는 아무래도 어려운 환경에 있는 아이들이 많았습니다. 이 아이들 역시 비슷한 어려움에 처해 있어도 서로 다른 양상을 나타냈습니다.

빈민가에 사는 피터는 자신이 가는 길에 친구가 있으면 휙 밀치기도 하고, 친구가 자신에 대한 말을 하거나 살짝 장난만 쳐도

화를 내며 욕을 하기 일쑤였습니다. 아이가 욕을 하거나 수업에 방해가 될 정도로 흥분해 교사가 교실 뒤로 가서 서 있으라고 하면, 문을 뻥 차고 아예 교실 밖으로 나가버리는 날이 많았습니다.

이렇다 보니 피터는 학교에서 거의 혼자 지냈어요. 그런 피터가 안쓰러워서 제가 다가가 슬쩍 물어봤습니다. 제일 좋아하는 친구가 누구인지, 형들하고 무엇을 하고 노는지, 어떤 것들에 흥미가 있는지. 아이가 좋아하는 것을 찾아서 비슷한 친구들이랑 연결해주고 싶었거든요. 그렇지만 돌아온 말은 다 싫고 귀찮다는 대답이었습니다.

부모님이 맞벌이를 해서 방과 후에 집에 없었고, 할머니가 있긴 하지만 아이는 나이 차가 많은 형 둘과 동네 길거리에서 시간을 많이 보내는 듯했습니다. 친구들은 자기를 싫어하고, 형들도 자기를 싫어하는데, 그래도 화만 내는 할머니와 같이 있는 것보다는 형들을 따라다니는 게 차라리 낫다고. 부모도 싫고, 자기를 맨날 괴롭히는 형들도 싫고, 늙은 할머니도 싫고, 학교도 싫다던 아이였습니다.

피터의 사례를 보면, 역시 집이 가난하고 부모가 아이를 잘 돌보지 않으면 아이가 엇나간다고 생각할지 모르겠습니다. 하지만 다 그런 것도 아닙니다.

제임스는 아버지가 감옥에 있어 엄마와 단둘이 살았습니다.

엄마가 늦게 퇴근하는 날은 이웃에 사는 할머니 집에서 저녁도 먹고 시간을 자주 보냈습니다. 저소득층 가정 아이라 학교에서 아침, 점심을 다 공짜로 제공받았고, 입고 다니던 옷은 대부분 작아 보였습니다. 추운 겨울날 바짓단이 발목 위로 훌쩍 올라올 만큼 짧았고, 겨울 잠바는 지퍼가 고장이 난 채였습니다.

하루는 제임스가 평상시보다 훌쩍 큰 옷을 입고 신나게 등교했습니다. 옆집 할머니 손주가 입던 작아진 옷을 받았다며, 본인이 너무 좋아하는 초록색 옷이라며 친구들에게 보여주고, 저한테도 다가와 한 바퀴 돌며 "나 멋지죠"라고 말하더군요.

하루는 점심시간에 제임스가 급식으로 받은 쟁반을 떨어뜨렸습니다. 그날은 우리 반이 마지막으로 급식실에 갔던지라 따뜻한 음식은 소진되고, 땅콩잼 샌드위치만 남아 있었습니다. 속상한 상황이지요. 하지만 제임스는 친구들이 앉아 있는 테이블로 가더니 "식판을 실수로 쏟아버렸어. 땅콩은 알레르기가 있어서 못 먹는데 나한테 점심 나눠줄 사람 있니?"라고 큰 소리로 외치더군요. 그러자 몇몇 아이들이 음식을 나눠줬고요.

"오늘 점심을 쏟은 건 행운이었네. 내가 제일 많이 먹는다. 고마워 친구들아!"

제임스는 그날 유난히 맛있게 점심을 먹었습니다.

피터와 제임스는 둘 다 브루클린 빈민가에서 살았고, 부모님의 부재와 경제적 어려움이 있는 비슷한 환경에서 지냈습니다. 피터는 자신의 환경에 대한 원망과 불만이 가득했고, 대인 관계에도 어려움을 보였습니다. 반면 제임스는 자신의 환경이나 마주하는 상황에 긍정적으로 대처하며 옆집 할머니와 학교 친구들과 친밀한 관계를 맺으며 지냈죠.

네 아이 모두 주어진 양육 환경으로 인한 어려움에 노출되어 있습니다. 이 아이들이 마주하는 고난의 크기와 모습은 비슷한 면도 있지만 조금씩 다르고, 아이마다 이에 대처하는 방식 또한 다릅니다. 피터와 소피는 불만과 불평, 화로 가득했으며, 프리스턴은 소아 우울증과 같은 증상을 보이며 무기력한 일상을 보내고 있었습니다.

그런데 제임스만이 즐겁게 학교생활을 하죠. 과연 그 비결은 무엇일까요? 왜 비슷한 환경에서 자라도 어떤 아이는 엇나가고 어떤 아이는 바르게 클까요? 제임스는 긍정성을 타고난 것일까요? 그렇다면 이런 기질을 타고나지 못한 아이들은 어떻게 해야 할까요? 아마 많은 질문이 지금 이 책을 보는 여러분의 머릿속을 휘저을 것입니다. 이제부터 그 해답을 살펴보겠습니다.

불안하고 불확실한 미래를
헤쳐나가는 힘

제임스가 어려운 환경에서도 바르고 행복하게 자랄 수 있는 건 바로 내면의 힘, 즉 회복탄력성 덕분입니다. 회복탄력성이란 어려움을 이겨내고 다시 일어서는 힘을 뜻합니다. 다시 일어날 뿐 아니라 한 걸음 더 성장할 수 있게 하는 힘이죠. 회복탄력성을 가진 사람은 자신이 직면한 난관을 피하지 않고, 자신이 처한 환경을 비관하거나 원망하는 대신, 그 안에서 긍정적인 요소를 찾고, 건강한 방법으로 난관을 바라보며 헤쳐나갑니다.

어떤 부모인들 사랑하는 아이를 위해 풍족한 환경을 제공하고, 집에서 아이와 많은 시간을 보내고 싶지 않을까요. 모든 부모가 그렇게 하고 싶어 하지만 참 뜻대로 되지 않는 일이지요. 하지만 아이에게 회복탄력성을 키워주는 일은 어떤 부모든 할 수 있습니다. 다양한 상황에 처한 부모가 역시 다양한 상황에 처한 아이들에게 줄 수 있는 궁극적이면서 가장 중요한 자산은 바로 회복탄력성을 키워주는 것입니다.

인생을 살다 보면, 쉽고 좋은 일만 지속해서 발생하지는 않습니다. 좋은 날이 있으면 나쁜 날도 있고, 쉬운 일이 있으면 어려운 일도 있는 법이죠. 행복한 날이 있어도 매일 지속되지는 않습니다. 불현듯 불행이 찾아오기도 하고, 견디기 힘든 날이 찾아오기도 합니다. 자신이 통제할 수 없는 상황을 마주하기도 하고, 노력했지만 뜻하지 않은 결과를 얻거나 난관에 부딪히기도 합니다.

아직 연약한 아이들에게는 스스로 통제할 수 있는 것보다 그럴 수 없는 것이 더 많습니다. 싫든 좋든 우리 아이들은 많은 어려움에 부딪힐 것입니다. 아이들이 성장하며 마주할 난관들은 부모나 양육자가 아무리 노력한다 해도 다 막아줄 수 없습니다. 사회경제적 격차에서 오는 역경이나 부모의 부재, 열악한 양육 환경에서 오는 어려움은 물론이고, 이를 넘어선 사회적 구조 문제나 자연재해 혹은 재난도 얼마든지 발생할 수 있죠.

전 세계를 흔들어놓은 코로나19와 같은 사건은 어디 예상했나요? 이 팬데믹은 우리 아이들뿐만 아니라 전 인류에게 예고 없이 찾아와 우리의 삶을 통째로 흔들어버렸죠. 어른뿐 아니라 아이들도 학교에 가지 못하고 한창 언어 능력이나 사회성이 발달할 시기에 사람들과의 접촉이 제한되면서 어려움을 겪었습니다. 이처럼 예기치 못한 상황과 크고 작은 어려움에 유연하게 대처하는 역량, 바로 회복탄력성을 갖는 것이 인생을 좀 더 성공적이고 행복하게 살 수 있는 비결입니다.

지난 십수 년간 심리학, 교육학, 사회학, 경제학 등 다양한 분야의 전문가들이 회복탄력성을 이야기하고 이것을 삶의 중요한 요소로 제시했습니다. 《행복의 조건》이라는 책에는 조지 베일런트 교수와 하버드대 연구팀이 하버드대 학생들의 삶을 72년에 걸쳐 추적하며 '행복한 삶'에 대해 연구한 내용이 담겨 있습니다. 이 책은 결론적으로 인생에서 고통의 많고 적음보다는, 여러 난관에 대처하는 능력과 스스로를 통제하는 능력, 그리고 대인 관계가 행복의 조건이라고 말합니다.

좌절이나 난관을 현명하게 대처하고 이겨내는 힘, 다시 중심을 잡고 살아가는 힘은 유연한 회복탄력성에서 시작됩니다. 더욱 빠르게 변하고 다이내믹한 세상에서 살아갈 우리 아이들이기에 회복탄력싱은 꼭 필요합니다.

부모가 아이를 평생 지켜줄 수 없기에

많은 한국 가정이 아이들 중심으로 돌아갑니다. 부모 자신은 돌볼 시간도 없이 아이들만 바라보며 살아가는 가정들을 쉽게 찾아볼 수 있습니다. 한국에서는 소위 '등교 전쟁'이라는 말이 많이 등장하더군요. 어린이집 또는 유치원에 아이를 시간 맞춰 등교시키려면 아이를 깨워서 옷을 입히고 씻기고 심지어 밥까지 떠먹여 줍니다. 아이를 안거나 업어서 등원 버스 앞까지 냅다 달립니다. 저희 집도 아이들 스케줄 위주로 돌아간다고 고백합니다. 아이를 출산하고 육아를 하다 보면 어쩔 수 없는 부분도 있긴 합니다.

그런데 이것이 과도해지면 부모 자신보다 아이들의 행복을 우선시하며, 일상의 중심이 아이들로 맞추어져 심지어 매일 식단마저 아이들 위주로 짜게 됩니다. 놀이터에서 아이가 또래와 어울리다가 분쟁이 생기면, 그사이를 비집고 들어가 대신 목소리를 내주기도 합니다. 아이가 힘들어하는 것이 있으면, 문제 해결을 해주기 위해 최선을 다하거나, 문제가 생기기도 전에 문제가 될 만한 것들을 미리 방지해주기도 하지요.

대학에 보내고 사회에 나가도 끝나지 않습니다. 대학생 자녀가 A학점을 받지 못했다고 그 부모가 따지러 교수한테 이메일을 보내는 경우, 직장인 자녀가 지각하면 상사한테 혼날까 봐 부모가 출근하는 자식을 위해 회사로 직접 전화를 거는 경우도 있습니다.

미국에서는 이런 부모를 '잔디깎이 부모' 또는 '헬리콥터 부모'라고 부릅니다. 우리 아이의 행복을 위해 아이들 앞에 놓인 장애물들을 대신해서 싹 깎아준다고 해서 잔디깎이 부모, 아이의 머리 위를 빙빙 맴돌면서 위험을 탐지하여 없애주고 아이의 모든 것을 대신 설계해준다고 해서 헬리콥터 부모입니다.

물론 어린아이에게는 부모의 보호가 필요합니다. 부모를 통하여 세상을 배워가는 아직 약한 어린아이는 부모에게 의존하며 자립성을 키워갑니다. 위험을 탐지하고 아이를 보호하는 것은 부모의 의무죠. 또한 부모라면 가장 좋은 것을 아이들에게 주고 싶어하는 것이 당연한 일입니다. 육아와 교육에 대한 열정은 우리 아이들의 미래에 큰 원동력이 되기도 하지요.

그런데 보호의 의무가 선을 넘어 과잉보호로 이어지고, 무엇이든 대신해주는 양육 스타일로 이어지기도 합니다. 그 결과 아이들을 의도하지 않은 방향으로 내몰기도 하고, 뜻하지 않은 결과를 초래하기도 합니다.

이런 울타리 안에서 자란 아이가 청소년이 되고, 성인이 되었다고 상상해봅시다. 그때는 부모가 더 이상 옆에서 장애물들을 깎아주거나 고난 또는 실패 요소를 감시하지 못합니다. 부모가 곁에 있어주지 못할 때, 대신 해결해주지 못하는 상황을 맞이했을 때 아이는 어떻게 극복하고 다시 일어설 수 있을까요?

아이들이 어릴 때는 부모가 그 어려움을 어느 정도 막아줄 수 있습니다. 하지만 아이가 커갈수록 다양한 모습과 크기로 찾아오는 역경을 부모가 다 알 수 없고, 통제해줄 수도 없습니다. 아이 앞에 놓인 장애물들을 다 치워줄 수도 없고, 상황을 전부 내 아이에게 맞추어 바꾸어줄 수도 없습니다. 아무리 돈 있고 힘 있는 부모라도 아이를 위해 세상을 송두리째 바꾸어줄 수는 없습니다.

아이 스스로 해볼 기회를 박탈해 아이의 자립심 형성에 영향을 미치면, 아이 스스로 문제를 대면하고 해결하며 회복탄력성을 기르기 어려워집니다. 과잉보호로 자란 아이는 집에서는 별다른 문제를 보이지 않을 수 있지만, 사회에 나가서는 자율적으로 자신의 의사를 표현하지 못하고, 타인들과 원활히 소통하기도 어려워 대인 관계에도 나쁜 영향을 미치게 됩니다.

부모에게도 회복탄력성이 필요하다

부모님이 내 어려움을 막아주거나 나 대신 문제를 해결하려고 나설 때 아이는 오히려 부모님이 나를 믿지 못한다고 생각할 수 있습니다. 또한 결과가 잘못됐을 경우 부모를 탓할 수도 있죠. 부모님에게 실망을 안겨줄까 봐 불안감을 안고 살 수 있고, 이는 강박이나 우울증으로 이어지기도 합니다. 어려움을 스스로 헤쳐나온 적이 없으니, 부모가 해결해주지 못하는 난관을 마주하면 좌절을 감당하지 못해 우울증을 넘어서 극단적 선택을 하기도 합니다. 아이를 위한다는 사랑과 열정으로 한 행동이 아이는 물론 부모 자식 관계까지 망치고 마는 경우가 적지 않습니다.

부모 역시 자신을 위한 시간이 없다 보면, 우울증이나 무기력 증에 빠지기도 하고 번아웃이 오기도 합니다. 너무 자식만 생각하 며 일상을 살아가다 보면 몸과 마음이 지쳐서 나도 모르게 "내가 못 살아 정말" "내가 널 어떻게 키웠는데" 같은 진심과 다른 말을 내뱉기도 합니다. 자신도 모르게 자식을 위해 얼마나 희생하는지 를 무의식 결에 호소하는 것이지요.

그런데 사실 아이를 위한다며 했던 나의 모든 노력과 헌신은 다 나의 선택입니다. 아이들은 그렇게 해달라고 부탁하지 않았습 니다. 애초에 아이를 낳은 것도 부모의 선택이었고, 아이에게 매달 려 헌신적으로 산 것도 부모의 선택입니다. 아이 입장에서는 억울 하지 않을까요? 아이들에게 빚진 기분이 들게 하는, 죄책감을 유 발하는 말은 아이들의 자존감 형성에 타격을 입히고, 아이에게 잠 재된 회복탄력성을 억압합니다. 육체적으로 가해를 입히는 것만 이 체벌이 아닙니다. 이러한 정서적 가해도 못지않게 유해합니다.

아이를 위한 헌신이란 이름으로 자신을 잃지 말고, 부모 자신 의 회복탄력성 역시 점검해보길 바랍니다. 나를 챙기지 않으면, 부모의 회복탄력성이 안녕하지 못하다면, 양육을 하며 그것이 아이들에게 전달되기 마련입니다. 아이는 부모를 보고 배우며, 그 환경에 영향을 받기 때문이지요. 부모가 어려움에 어떻게 대처하는지, 감정을 어떻게 다스리는지 그 모습을 보고 학습합니다.

그렇기 때문에 육아 환경 조성에서 빠져서는 안 되는 중요한 것이 바로 부모의 회복탄력성입니다. 이 책의 2부에서 제시하는 회복탄력성 키우는 법은 아이는 물론이고 부모님 자신에게도 적용해볼 수 있습니다. 발달의 기초 토대가 마련되는 유아기에 회복탄력성의 역량을 길러주는 것이 가장 좋겠지만, 다행히도 회복탄력성은 어느 나이대든지 키워나갈 수 있는 역량입니다. 그러니 이제부터라도 아이 앞에서 솔직해져 보세요. 힘든 것을 받아들이는 모습을, 그 안에서 숙고하며 최선의 방법을 찾아 이겨내는 모습을, 필요할 때는 가족에게 의지하고 도움을 요청하는 모습을 보여주면 됩니다.

요즘 말로 부모도 낄끼빠빠(낄 때 끼고 빠질 때 빠진다)를 알아야 합니다. 아이의 삶에서 물러서야 할 때와 나설 때를 잘 가려서 행동해야 합니다. 위험이 사고로 이어질 수 있는 순간이거나 아이 스스로 해결할 수 없는 커다란 역경에는 같이 있어주고 힘이 되어주되, 배움이 될 수 있는 순간들 앞에서는 빠져주는 지혜를 가져야 할 것입니다.

공부는 IQ가 아닌
AQ에 달렸다

한국 부모들은 육아도 열심히 하지만 교육에 관해서라면 더욱 더 과도한 열정이 달아오르는 것 같습니다. 이제 막 걷기 시작하는 돌쟁이 아이의 인생 지도를 대학교, 심지어 졸업 후 진로까지 이미 그려놓은 부모들도 어렵지 않게 만납니다. 아이의 일상을 시간, 분까지 쪼개가며 부모가 대신 기획하고 결정하기도 합니다.

아이가 어렸을 때는 부모가 차지하는 영역이 많고 영향력이 큽니다. 그래서 부모가 아이들을 대신해 아이가 좋아할 만한 것을 계획하거나, 좋다고 하는 교재나 교육 프로그램을 제공하면 아이 또한 잘 따라갑니다. 그런데 언제까지 이렇게 아이를 대신하여 계획하고 보조할 수 있을까요?

이러한 부모의 노력은 단기간에 아이의 성적을 올릴 수도 있습니다. 하지만 아이가 중·고등학생이 되면서 번아웃이 올 수도 있습니다. 또한 교육에만 너무 치중해 친밀한 소통 시간을 충분히 갖지 못하면 아이와의 관계도 어느덧 어긋나게 되지요.

이렇게 성장한 아이들은 대학에 가서도 자신이 계획하고 결정해본 경험이 없기 때문에 스스로 무엇을 좋아하는지, 스스로 무엇을 잘하는지, 시련이 왔을 때 어떻게 대처해나가야 하는지 모릅니다. 자신의 삶을 자기답게 살아나가는 데 어려움을 겪습니다. 자기 인생의 주인이 되지 못해 자괴감에 빠지게 될 수도 있습니다. 아이의 성공을 위해 부모가 부단히 노력한 것이 오히려 아이에게 해를 끼치는 결과를 가져오는 것이지요. 그 노력을 회복탄력성을 키워주는 데 들이면 부모도 아이도 행복할 뿐 아니라 성적에서도 더 좋은 결과를 얻을 수 있을 텐데 말이죠.

공부 잘하는 아이들의 공통점

흔히 공부를 잘하는 아이는 머리가 좋아서라고 생각합니다. 그러나 암기나 이해력 같은 학습 능력만 좋다고 공부를 잘할 수 있는 것은 아닙니다. 거기에 더해 공부하는 과정에서 발생하는 다양한 어려움을 잘 견뎌내는 능력이 반드시 필요합니다.

공부는 호기심을 가지고 모르는 것을 찾아나가는 과정입니다. 풀리지 않는 문제를 꾸준히 탐구하는 끈기도, 발전하고 싶다는 향상심도 필요하지요. 원하는 결과가 나오지 않았을 때 좌절하지 않고 그것을 경험 삼아 더 노력해서 발전하는 긍정성도 필요합니다. 또한 점수나 등급, 학점 등으로 평가받는 압박감도 이겨내야 합니다. 간혹 노력한 만큼 결과로 이어지지 않거나 시험에서 실수를 하더라도 좌절감을 딛고 일어서야 합니다.

역경지수[AQ, Adversity Quotient]라고 들어보셨나요? 우리가 흔히 알고 있는 지능지수[IQ, Intelligent Quotient]처럼 어려움이 닥쳤을 때 이를 견뎌내고 잘 대처하는 능력을 말합니다. 역경지수를 다른 말로 회복탄력성 지수[RQ, Resillience Quotient]라고 부르기도 합니다. 회복탄력성에 관한 연구를 하는 학자들 간에 AQ 또는 RQ로 사용하는데, 긍정성, 적응성, 지속성, 자기조절능력, 문제해결능력, 대인관계능력 등 학자마다 중요하게 생각하는 요소는 조금씩 다르지만, 이것들이 회복탄력성의 기본 요소라는 데는 모두 동의합니다. 즉 스트레스나 어려움에서 다시 일어설 수 있는 역량을 측정하는 것입니다.

다음은 성인을 위한 회복탄력성 지수 테스트를 기반으로 아이들을 위해 만들어본 체크리스트입니다. 내 아이를 객관적으로 바라보며 체크해보세요.

내 아이의 회복탄력성 지수 체크리스트

	문항	전혀 그렇지 않다	그렇지 않다	보통 이다	그렇다	매우 그렇다
		1	2	3	4	5
1	문제 상황이나 어려움을 마주할 때 크게 동요하지 않고, 비교적 평온한 자세를 취한다.					
2	평소 잘 웃고 유쾌하고 긍정적이다.					
3	새로운 장소나 사람에 쉽게 적응하고 심지어 즐기기도 한다.					
4	안 좋은 감정이나 어려움을 겪을 때 쉽게 털고 일어나는 편이다.					
5	유머가 있고, 문제 상황을 웃어넘기기도 한다.					
6	긍정과 부정의 감정을 타인에게 말로 전할 수 있다.					
7	도움이 필요할 때를 알고 부모님, 선생님, 친구 등의 타인에게 도움을 요청할 수 있다.					
8	자신감, 자존감 같은 긍정적인 자아상을 가지고 있다.					
9	궁금한 것을 자주 질문하고, 배움의 즐거움을 안다.					

10	내 경험이나 타인의 경험을 통해 '다음에는 이렇게 해야지' 하고 배운다.					
11	스스로 문제를 해결해보려고 한다.					
12	친구 관계가 좋고, 리더십이 있다.					
13	상황에 따라 유연하게 대처할 수 있다.					
14	자신이 무엇을 알고 모르는지 스스로 잘 이해한다. (메타인지)					
15	문제를 다른 시각으로 바라볼 수 있다. (창의적 사고)					
16	친구의 아픔이나 슬픔을 공감하고 위로할 수 있다.					
17	자신의 말만 하지 않고 친구의 말도 잘 들어준다.					
18	친구의 다름을 지적하지 않고, 서로 다름을 존중한다.					
19	어려운 상황에서도 쉽게 포기하지 않고 끝까지 해낸다.					
20	역경과 좌절 안에서도 '덕분에 이렇게 되었다' '차라리 잘됐다'라고 긍정적으로 사고할 수 있다.					
합계						

80 이상: 회복탄력성이 매우 높다. 65~80: 회복탄력성이 높은 편이다.
50~65: 회복탄력성이 있다.　　　40~50: 회복탄력성이 부족하다.
40 이하: 도움이 필요하다.

회복탄력성 지수가 높은 아이가 공부도 잘하고, 공부 외의 분야에서도 성공하는 삶을 일구어나갈 수 있습니다. 어떤 분야에서든 성공한 사람들의 삶을 살펴보면 그들만의 역경을 이겨냈다는 공통점이 있습니다. 유명 배우가 되기까지 무명 시절을 버티는 힘, 부상이나 슬럼프를 극복하고 최고의 자리에 오르는 스포츠 선수들, 사업에 실패한 경험을 밑거름 삼아 혁신을 이루어내는 리더들…. 포기하지 않고 끊임없이 전진하며 기어코 발전을 이루어내는 사람들은 하나같이 회복탄력성을 지니고 있습니다.

미국 학교에서도 이 점을 실감할 수 있었어요. 제가 만난 또래보다 우수한 아이들은 회복탄력성 지수 문항 대부분이 4~5점이었습니다. 호기심도 많고 새로운 것을 배우는 것을 즐기며, 스스로 문제를 해결해보려 했어요. 또한 도움이 필요할 때를 잘 인지해서 친구나 어른들에게 요청했지요. 어려운 상황을 마주하면 바로 포기하거나 좌절하지 않고 끝까지 해결해보려는 모습도 보였고요.

하버드 재학 당시 같은 과 친구들을 봐도 그랬습니다. 자신을 꾸준히 발전시키려는 성향이 강했고 하버드에 온 목적의식도 뚜렷했습니다. 메타인지가 높고 자신감 넘치면서도 타인의 생각을 존중하고 매사 배우려고 하는 자세도 눈에 띄었어요. 수업 시간에 토론을 하면 간혹 말이 안 되는 이야기를 하는 친구도 있지만, 그렇다고 해서 아무도 그 의견을 무시하거나 비웃지 않았어요. 대신 왜 그런 입장인지 더 깊은 질문을 던지고 경청하다 보니 수업이 연장되는 경우도 허다했습니다.

이처럼 하버드 학생들은 회복탄력성이 높습니다. 회복탄력성이 높아서 하버드에 올 수 있었기도 하고, 전 세계에서 우수한 아이들이 모이는 하버드에서 회복탄력성이 없다면 버티기도 힘듭니다. 그러니 우리 아이의 회복탄력성 지수가 낮다면 공부하라고 닦달하기 전에 회복탄력성을 높이는 연습을 먼저 해보길 바랍니다.

지금 공부를 잘하는 아이라도 회복탄력성 지수가 낮다면 그것이 대학과 사회에까지 연결될 거라고 장담하기 힘듭니다. 언제든 흔들릴 수 있는 위태로운 상태라고 봐야 더 정확하겠지요. 그래서 이런 경우 역시 회복탄력성을 높여줘야 합니다. 회복탄력성 지수를 높이고, 이를 좋은 공부 습관, 더 나아가 건강한 생활 습관과 연결하는 방법은 7장에서 자세히 설명하겠습니다.

누구나 회복탄력성의 그릇을
품고 있다

사실 회복탄력성은 우리 모두의 내면에 잠재해 있습니다. 누구나 역경을 감당해낼 수 있는 그릇을 품고 있습니다. 갓난아기를 보면 불안하거나 배가 고플 때 손가락을 빨며 스스로를 위로하고 감정을 누그러뜨리죠. 이게 인간의 본성입니다. 슬픔의 감정에 빠져도 시간이 어느 정도 지나면 그 감정이 사그라드는 것도 같은 맥락입니다.

이처럼 사람은 모두 회복탄력성이라는 그릇을 품고 있어요. 다만 사람마다 품고 있는 회복탄력성 그릇의 크기와 성질에는 차이가 있습니다.

크리스털 그릇과 스테인리스 그릇을 생각해보세요. 크리스털 그릇은 보기엔 참 예쁜데 작은 충격에도 깨지기 쉬워서 세심한 주의가 필요합니다. 그래서 애지중지하다가 특별한 날이나 손님이 올 때 꺼내서 고르고 고른 음식을 정갈하게 담아내죠. 반면 스테인리스 그릇은 쉽게 깨지지 않고 충격에 찌그러질 수는 있지만 다시 펼 수 있기 때문에 일상에서 편하게 씁니다. 어린아이들 식판으로도 많이 사용하고 더욱 다양한 음식을 담아냅니다.

우리 아이의 회복탄력성 그릇은 쉽게 깨지는 크리스털이 아니라 튼튼한 스테인리스가 되어야 합니다. 그리고 이는 부모나 주양육자가 어떻게 다루느냐에 달려 있습니다. 크리스털 대하듯 조심스럽고 귀하고 예쁜 경험만 담아준다면 아이의 회복탄력성 그릇은 크리스털 그릇이 되고 맙니다. 유리멘탈과 같이 쉽게 깨지는 거죠. 반면 스테인리스 그릇 대하듯 편하게 여러 가지 경험을 담아주면 아이의 회복탄력성 그릇은 스테인리스처럼 튼튼해집니다. 실패할 수 있는 도전적인 일이라고 해서 미리 덜어주지 말고 그대로 담아준다면 아이는 강철멘탈이 됩니다.

아직 어린아이의 회복탄력성 그릇은 당연히 어른에 비해 작습니다. 인생을 살아온 기간이 현저히 짧으니 당연한 이치죠. 하지만 5세 아이라도 5년을 살면서 자기 나름의 어려움 또는 실패의 경험을 했을 것이고, 그 과정에서 회복탄력성을 키운 셈입니다. 그리고 더 성장하면서 다양한 난관이나 좌절의 경험을 하고 다시 일어서보면서 더 크고 단단한 회복탄력성의 그릇을 갖게 됩니다.

미국의 개혁가이자 인권 운동가 프레데릭슨 더글라스는 이렇게 말했습니다.

"연약한 어른을 강하게 변화시키는 것보다 어린아이를 강하게 키우는 것이 더 쉽다."

아이를 강하게 키우기 위해 부모가 다양한 경험을 선물해야 합니다.

다양한 경험을 담을수록 그릇은 튼튼해진다

회복탄력성에는 기질과 같이 부모도 어쩔 수 없는 요소가 작용하기도 하지만, 살아가며 경험 속에서 키워나가는 부분이 더 많습니다. 환경적 요소가 아이의 발달에 영향을 미친다는 것은 여러 연구에서 이미 밝혀진 사실입니다. 어려움을 마주할 때 피하거나 포기하지 않고, 헤쳐나오기 위해 다양한 방법을 고민하고 실행하며 회복탄력성을 키워가는 것이죠. 유전적인 요소로 인해 출발점은 다를 수 있지만, 성장 과정에서 접하는 환경에 따라 아이들은 얼마든지 능력을 발달시켜나갈 수 있습니다. 따라서 부모가 어떠한 자세로 그릇을 대하느냐, 어떤 것을 담아주느냐에 따라 그릇의 크기와 내구성이 달라집니다.

물론 사랑하는 우리 아이가 힘들어하는 모습을 지켜보는 부모의 마음은 편할 수가 없습니다. 아이에게 좋은 것만 주고 싶은 부모 마음에 대신해서 문제를 해결해주고 크리스털처럼 애지중지 대하기 쉽습니다. 하지만 육아의 근본적인 목적은 독립입니다. 우리 아이가 독립적이고 강한 어른으로 성장하길 바란다면, 아이의 회복탄력성 그릇에 다양한 경험을 담아주어 스테인리스로 만들어주세요.

승마에서는 낙마하는 법, 피겨에서도 안 다치고 잘 넘어지는 법, 스키도 넘어져서 일어나는 법을 먼저 가르칩니다. 잘 넘어지는 법, 다시 일어서는 법을 알아야 더 나아갈 수 있기 때문이지요. 마찬가지로 우리 아이들이 여러 경험을 통해 자신의 감정과 행동을 조절해보지 못하고 성인이 된다면, 그 안에서 헤어나오는 방법을 몰라 더 크게 좌절하고 그 안에 갇히게 될 수도 있습니다.

그렇기 때문에 아직 부모의 울타리 안에 있을 때 넘어지고 다시 일어나는 연습을 해봐야 합니다. 아이가 아직 부모 품에 있을 때 다양한 경험을 하고, 그 안에서 대처 능력을 충분히 기를 수 있도록 도와야 합니다.

다만 주의할 점이 있습니다. 아이의 그릇을 튼튼하게 만들겠다고 한꺼번에 과도한 경험을 담아줘서는 안 된다는 거예요. 아이가 감당할 정도의 작은 난관부터 조금씩 담아줘야 합니다. 아직 아이가 가진 회복탄력성 그릇의 크기는 작은데 그에 비해 훨씬 더 큰 역경이나 좌절을 맛본다면 아이는 그것을 미처 감당하지 못하고 이겨내보려는 마음을 내기 어려울 테니까요.

예를 들어, 엄마와 떨어져본 적이 한 번도 없는 아이한테, 예고나 준비 과정 없이 갑자기 엄마와 떨어져 새로운 장소에서 새로운 사람과 하루 종일 시간을 보내라고 하면 아이는 크게 좌절하고 어떻게 대응해야 할지 모르겠죠. 그러므로 미리 말해서 마음의 준비를 하게 해주고, 시간도 30분에서 1시간, 2시간, 이렇게 늘려간다면 아이가 그 상황을 맞이하고 대처하기가 더 수월해질 것입니다. 또 다른 예로, 아직 숫자 감각을 단단하게 익히지 못한 아이에게, 문제집만 계속 풀게 한다거나 아직 5세도 안 된 아이를 1시간 동안 앉혀놓고 쉬는 시간 없이 한글을 쓰게 하면 아이는 공부를 아예 포기하게 될 수도 있습니다.

그렇기에 부모가 통제할 수 있는 한, 아이가 감당할 수 있을 만한 크기로 조정해서 다양한 경험을 제공해주어야 합니다. 이렇게 적절한 크기의 어려움을 단계적이고 반복적으로 경험한 아이는 어려움 앞에서 해결책을 찾는 과정을 학습함으로써 회복탄력성 그릇을 더 크고 단단하게 키울 수 있습니다.

2장

금수저 아이도
피할 수 없는 좌절

고난, 역경, 실패, 좌절…. 이런 단어를 보기만 해도 두렵고 불안하고 가슴이 답답해지는 분이 있을 거예요. 그리고 이런 일은 영화나 드라마 속 인물한테나 일어나지 우리 가족과 내 아이한테는 해당하지 않는다고 생각들 하지요. 평범한 가정에서 부모의 보호 아래 자라는 아이들이 뭐 얼마나 큰 역경이나 좌절을 겪을까 싶을 거예요.

하지만 여기서 말하는 고난이나 역경 같은 게 그리 거창한 의미는 아닙니다. 꼭 자연재해나 전쟁을 겪어야 고난과 역경이 아니에요. 무슨 시험에서 떨어지거나 해야만 실패하고 좌절하는 것도 아닙니다. 우리 일상에는 크고 작은 고난과 역경이 가득하고 실패할 일도, 좌절할 일도 있습니다.

아이가 직면하는 어려움들이 경험 많은 어른이 보기에는 아무 것도 아닌 것처럼 보일지 몰라도 아이 입장에서는 세상이 무너지는 것처럼 느낄 수 있어요. 그리고 사소한 고난과 역경이 쌓이면 아이한테는 트라우마가 될 수도 있고요. 또한 부모와 아이의 성향이 달라서 아이와 시각이 다르고, 문제를 해결하는 방법이 다른 경우도 있습니다.

아이 입장에서 문제를 바라본다는 게 쉬운 일은 아니지만 아이의 회복탄력성을 키워주는 일은 아이가 직면하는 실패를 아이의 눈높이에서 바라보는 데에서 출발합니다. 먼저 아이들이 일상에서 겪는 역경, 좌절, 어려움에는 어떤 것들이 있는지 세심하게 관찰해야 하는 것이지요.

이번 장에서는 우리 아이들이 언제 어디서 어떻게 좌절이나 실패 또는 어려움을 겪는지 알아보겠습니다. 아이가 태어나서 마주하는 세상의 순서대로 나 자신, 가정, 사회의 3가지로 나누어 살펴보고자 합니다. 그리고 한국 사회에서 자라는 아이들이 더 빈번하게 마주하는 난관에 대해서도 이야기해보겠습니다.

나 자신:
발달의 불균형에서 오는 좌절감

아이는 태어나서 자신이 속한 세상을 탐험하고 경험하며 성장하는데, 이것의 출발점은 자기 자신입니다. 먼저 자기 몸을 인식하고, 자기 몸과 환경의 상호작용을 통해 자신에 대한 이해를 넓혀갑니다.

아이들의 발달 모습과 속도가 다양하다는 것은 부모라면 누구나 인지하고 있는 사실입니다. 하지만 그 안에서 아이들이 겪는 어려움에 대한 이해도는 다소 떨어지는 경우가 많습니다. 성장 과정에서 아이들은 발달의 불균형을 겪을 수 있는데, 이것이 아이에게는 엄청난 좌절감을 안겨주게 됩니다. 난생 처음 경험하는 이 좌절감을 어떻게 다룰지 몰라서 문제 행동으로 표출하기도 하지요.

이를 이해하려면 먼저 아이들의 발달 과정을 알아야 합니다. 아이의 발달에는 일정한 순서가 있습니다. 먼저 앉을 수 있어야 설 수 있고, 설 수 있어야 걸을 수 있죠. 소리를 먼저 내고 옹알이를 하다가 단어를 내뱉고 문장으로 말하는 것처럼요.

또한 발달은 일정한 방향으로 진행됩니다. 아이의 몸으로 보자면 위에서 아래로, 중심에서 바깥으로, 그리고 전체에서 세분화로 이어집니다. 동그라미를 그리려고 팔 전체를 사용하던 아이가 어느덧 손가락만 움직여 동그라미를 그리죠.

아이들의 발달은 인지, 언어, 사회 정서, 신체, 자조 능력의 5가지로 나눕니다. 첫째, 인지 발달은 한마디로 아이의 지적 능력을 뜻합니다. 인지는 다른 영역들과 크게 상관이 있습니다. 인지 능력을 기반으로 언어나 사회적 기술을 발달시킬 수 있거든요. 둘째는 언어 발달인데, 언어에는 수용 언어와 표현 언어 영역이 있습니다. 수용 언어란 언어적, 비언어적 정보를 이해하는 능력이고, 표현 언어란 자신의 의사를 표현할 수 있는 능력입니다.

셋째, 사회 정서 발달은 타인과 상호 작용하는 능력, 자신을 포함한 타인의 정서를 인식하고 공감하며 조절하는 능력입니다. 넷째, 신체 발달은 운동 능력을 의미하고 대근육과 소근육 발달로 나뉩니다. 대근육은 걷고 뛰고 사람이 움직이는 데 필요한 큰 근육의 조절 능력이고, 소근육은 쓰기, 자르기와 같이 손에 있는 작은 근육의 조절 능력을 말합니다. 마지막 자조 능력 발달은 일상생활에 필요한 기본적인 기술을 스스로 할 수 있는 능력입니다. 아이가 양치를 하고 손을 씻는 것, 혼자 옷을 벗고 입고, 먹고 대소변을 가리는 것까지 포함하죠.

아이의 발달 5영역

이 5가지 영역은 상호보완하며 발달합니다. 예를 들어 갓난아기 때는 특히 신체 발달이 급속도로 이루어지죠. '신체'가 발달해 아이의 활동 범위가 넓어지면 더 많은 것을 보고 듣고 느끼며 '인

지'도 함께 발달합니다. 또 '인지'가 발달함에 따라 '언어 능력'도 향상되고, 언어 능력을 기반으로 사회성도 키워가는 식이죠.

이처럼 발달은 연속적으로 일어나지만 그 속도는 같지 않습니다. 각 영역이 골고루 균형 있게 발달하면 이상적이지만, 아이의 선천적 기질과 양육 환경에 따라 한 영역이 다른 영역에 비해 더디게 발달하는 경우가 있습니다. 물론 아이마다 갖고 태어나는 재능이 다르니, 한 영역이 다른 영역에 비해 발달 속도가 빠르게 나타나는 것은 흔한 양상입니다.

그런데 특정 영역이 다른 영역들과 견주어보았을 때 현저하게 차이가 나서 다른 발달 영역까지 이차적으로 영향을 미치는 경우, 특히나 그 발달의 격차가 클 경우, 아이가 겪는 좌절은 더욱 커집니다.

언어 발달의 불균형

에이든은 매우 활동적인 아이였습니다. 발달 이정표에 표기된 시기보다 빠르게 머리 들기, 배밀이를 했고, 10개월부터 걷기 시작했습니다. 돌이 지나면서부터 활동 반경도 커지고, 움직임도 재빨라졌죠. 그런데 18개월이 되어도 말을 하지 않고, 손짓만 하고 옹알이 같은 소리만 내다가 우는 상황이 자주 발생했습니다. 점점 짜증도 심해지다가 급기야 물건도 막 던졌습니다.

반면 쉴 새 없이 말하는 제이콥은 발화도 빠르고, 발음도 명확해서 주위에서 말이 빠른 아이로 통했습니다. 하지만 어른들 말을 잘 듣지 않고, 자기 할 말만 하며, 지시 사항을 잘 따르지 않았습니다. 그래서 할머니 할아버지한테 독불장군, 말썽꾸러기라는 별명까지 얻었고 혼나는 횟수도 늘어만 갔죠. 자주 혼이 나니까 주눅이 들었고, 자신은 착한 아이가 아니라고 생각하게 되었습니다.

두 아이 모두 불균형한 언어 발달로 인해 정서적 영역까지 이차적 영향을 받은 경우입니다. 에이든의 경우 신체 발달, 특히 대근육이 나이 평균보다 빨리 발달된 것에 비해 언어 능력은 현저히 더디게 발달했습니다. 신체가 발달함에 따라 활동 반경도 넓어지니 호기심 가득한 세상을 좀 더 다양하게 오감으로 느끼며 알아갔죠. 이를 통하여 인지 영역도 발달해 단순했던 아이의 사고도 더 깊고 복잡해졌습니다. 자신의 생각을 표현하려는 의지 또한 같이 커졌지만, 언어가 그 발달 속도를 따라가지 못하다 보니 충분히 표현할 수 없어 좌절을 맛본 것입니다.

제이콥은 말로 잘 표현하는 아이다 보니 주위 사람들은 제이콥에게 언어 문제가 있을 거라고 생각지 못했습니다. 오히려 말이 빨라서 똑똑한 아이로 높은 기대를 받았지요. 보통 나이 또래보다 더 큰 아이 취급을 했어요. 그런 기대와 달리 지시 사항도 안 따르고 어른 말을 잘 듣지 않으니 주위 사람들에게 계속 지적만 받았습니다.

자아를 형성하는 중요한 시기에 자주 질책을 받게 되면 건강한 자아 형성을 할 수 없게 됩니다. 그래서 제이콥도 스스로 나는 착한 아이가 아니라는 생각을 갖게 된 거죠. 사실 제이콥은 언어적 정보를 이해하는 수용 언어가 자신의 의사를 전달하는 표현 언어에 비해 현저히 더디게 발달해서 어른들의 말을 이해하지 못했던 것이었습니다.

발달 영역들 간의 불균형

언어 발달 이외에도 다른 발달 영역들 간의 불균형이 발생할 수 있습니다.

5세 벤자민은 생물학적 나이보다 월등히 뛰어난 인지 능력을 가졌지만, 사회 정서 영역의 발달이 늦었습니다. 유치원에 오면 주로 선생님들과 대화를 나누고 또래들과는 대화하지 않았습니다. 친구들보다는 원활하게 소통할 수 있는 어른과의 대화가 더 즐거웠기 때문이죠. 또 감정을 다루는 데 서툴러서 또래 친구들과 어울리는 것이 힘들었어요. 팀워크가 필요한 게임을 할 때는 친구들에게 기회를 주지 않고 혼자서만 했고, 감정이 격해지는 순간이 오면 친구들을 밀어버리고 소리를 고래고래 지르기만 하니 대인 관계를 형성하기가 힘들었죠.

신체 발달이 더디어 학습에 난관이 생기는 경우도 있습니다. 샐리는 인지나 언어 발달은 또래 아이들과 다를 바 없었지만 글씨를 쓰기 시작하면서 난관에 부딪혔습니다. 샐리는 쓰기 시간마다 책상에 몸을 기대어 삐딱하게 앉았고, 종이에 글씨가 보일 듯 말 듯 희미하게 알파벳을 썼습니다. 선생님은 샐리의 자세와 연필 잡는 법을 계속 지적했어요. 손에 더 힘을 주어 글씨를 쓰라고 가르치기도 했습니다.

알고 보니 샐리는 몸을 지탱하는 코어 힘이 부족해 똑바로 앉지 못했고, 소근육 발달이 더디어 글씨를 뚜렷하게 쓰기 어려운 것이었죠. 신체 발달의 불균형으로 인해 학습적으로 늦된 아이, 태도가 좋지 않은 아이로 오해를 받았으니 아이 입장에서는 얼마나 억울하고 힘들었을까요.

또한 감각적으로 예민하게 태어난 아이들의 경우 보통 사람들은 이해하기 어려운, 아주 사소한 일도 큰 역경이 될 수도 있습니다. 예를 들어, 그냥 음식을 먹는 것조차 너무 어려운 아이도 있고 빛이나 소리, 감촉 등의 감각에 너무 예민하게 반응하는 아이도 있습니다.

편식하는 아이들을 보면 나쁜 습관으로 치부하고 강요해서 억지로라도 먹이려고 하는 부모들이 있습니다. 아이의 영양과 습관을 생각하기 때문이죠. 그런데 아이에 따라서는 특정 맛이나 질감을 감각적으로 받아들이지 못해서 못 먹는 경우가 있습니다. 또한 음식의 맛이 문제가 아니라 구강 근육의 발달이 아직 완성되지 않아서 씹거나 삼키는 행위를 못 하는 경우도 있고요. 이처럼 숨은 진짜 이유를 부모가 인지하지 못하고 억지로 먹이다가 아이가 먹는 것에 대해 더 큰 공포나 거부감을 느낄 수도 있습니다.

아이들은 어른들이 모르는 성장통을 앓습니다. 성장하는 과정에서 겪을 수밖에 없는 어려움들에 어떻게 대처해야 할지, 아직 어린아이들은 당연히 잘 모릅니다. 그래서 울거나 소리치거나 문제 행동을 하기도 하지요. 아이의 발달 과정을 알아두면 아이가 어려움을 잘 넘기고 건강하게 발달하도록 도울 수 있습니다. 아이의 문제 행동은 회복탄력성을 기를 기회이기도 한 것입니다.

가정:
부모의 양육 방식으로 인한 어려움

아이가 태어나서 제일 먼저 만나는 타인이 부모 그리고 가족입니다. 아이는 처음으로 관계를 맺고 경험을 쌓아가는 가족 안에서 세상을 배우기 때문에 가족 구성원의 말과 표정, 제스처, 행동, 생활 방식 등 모든 요소가 아이가 세상을 이해하고 살아가는 데 영향을 미칩니다. 그래서 가정 환경이나 부모의 양육 스타일은 아이의 발달에 무척 중요합니다.

아이를 낳기 전에는 '이런 부모가 되어야지, 저런 부모는 절대 되지 말아야지' 하는 생각을 저마다 가집니다. 육아서도 읽고, 인터넷에서 육아 관련 정보들도 찾아보고, 내 부모와 나 사이도 생각해보며 내가 생각하는 이상적인 부모의 상을 그리게 됩니다. 그런데 막상 아이가 태어나면 많은 부분이 생각처럼 흘러가지 않고, 나도 인지하지 못하는 내 모습이 튀어나와 아이에게 영향을 미칩니다. 아이의 고난과 좌절은 부모로부터 시작될 수도 있습니다.

아이에게 결정적인 영향을 미치는 부모의 양육 태도

심리학자 다이애나 바움린드는 부모의 양육 태도를 4가지 유형으로 나누어 정의했습니다. 따뜻하고 섬세하게 아이들에게 반응하는 정도Responsiveness와 아이들의 행동을 통제하는 정도 Demandingness를 기준으로 구분했는데, 여기서는 두 기준을 이해하기 쉽도록 '애정'과 '통제'로 표현하겠습니다.

큰 틀에서 다음의 표와 같이 4가지 양육 유형으로 분류했지만, 부모에 따라 양육 태도에는 차이가 있으므로 이 유형들이 혼재된 복합적인 양육 스타일 아래서 아이가 자랄 수도 있겠지요. 애정이 큰 부모 밑에서 자란 아이는 별다른 어려움이 없을 거라고 생각할 수도 있지만, 애정만 너무 과해도, 혹은 통제만 너무 과해도 문제는 발생합니다.

먼저 **허용적 유형**은 애정은 높지만 통제가 낮은 것입니다. 아이가 하고 싶은 대로 내버려두고 훈육은 하지 않는 경우입니다.

부모의 4가지 양육 유형

허용적 유형

기대치가 낮다.
규칙이 적다.
하고 싶은 대로 다 하게 둔다.
받아준다.
관대하다.
대립을 피한다.
따뜻하다.

민주적 유형

기대치가 높다.
기준이 명확하다.
적극적이다.
민주적이다.
유연하다.
즉각 반응한다.
따뜻하다.

방임적 유형

기대하지 않는다.
규칙이 적다.
부재하다.
수동적이다.
소홀히 한다.
무관심하다.

독재적 유형

기대치가 높다
규칙이 명확하다.
단호하다. (강압적이다)
독재적이다.
융통성이 없다. (엄격하다)
처벌을 가한다.
제한적으로 따뜻하다.

애정 Responsiveness

Low   통제 Demandingness   High

자칫 친구 같은 부모로 비치며 아이를 위하는 태도로 보일 수 있지만, 부모가 통제를 하지 않았기에 아이는 스스로 통제를 해본 경험이 적죠. 그래서 자신의 감정이나 행동을 조절하기 힘들어합니다. 큰 감정에 잘 휘말리고, 난관을 맞이하면 크게 좌절해 포기하거나 물건을 던지는 것과 같은 충동성 행동이 나타나기도 합니다. 자기 마음대로 살아왔기 때문에 규칙이나 규율을 따르기 어려워하고, 조금만 힘들어도 쉽게 무너집니다. 또한 자기 중심적이라 타인의 입장을 이해하지 못하여, 공감 능력 또한 떨어집니다. 그렇기 때문에 대인 관계 형성과 유지도 어렵습니다.

통제도 낮고 애정까지 적은 **방임적 유형**은 아이에게 무관심한 부모입니다. 애정 표현도 없고, 아이가 잘못해도 훈육을 하지도 않습니다. 부모의 사랑이 부족해서 방임 유형을 만든다고 생각할 수 있지만, 생업에 바쁘거나 기력이 없어서 방임이 되는 경우도 있습니다. 방임적 부모 밑에서 성장하는 아이들은 관심을 끌기 위해 문제 행동을 하기도 합니다. 그래야 조금이라도 관심을 받았던 경험 때문이죠. 또한 자신이 사랑받는다는 느낌을 갖지 못했기에 늘 사랑을 갈구하고 자존감이 낮으며 분노를 터뜨리기도 합니다. 친밀한 대인 관계를 맺기도 어렵죠. 허용적 양육을 받은 아이처럼 자기 조절을 배우지 못해 감정을 다스리지 못하고 충동적입니다.

독재적 유형은 애정은 낮고 통제가 높습니다. 부모의 생각을 강요하고 엄격한 훈육을 하는, 과거 우리 부모 세대에 흔히 보였던 스타일이죠. "그냥 말 좀 들어라"라고 하면서 아이의 감정이나 생각은 무시하고 부모의 뜻만 따르도록 강요합니다. 왜 그래야 하는지 설명해주지도 않고, 아이의 감정도 섬세하게 살피지 않습니다. 아이가 자기 생각을 말하려고 하면 '말대꾸하는 아이' 또는 '버릇없는 아이'라고 단정 짓습니다.

이런 권위주의적 환경에서 자란 아이들은 타인의 눈치를 보고, 스스로 결정하는 것을 어려워하여 타인의 뜻을 따라가는 경향이 큽니다. 독립적으로 문제를 해결하기도 어렵죠. 부모가 아이의 감정을 알아주지 않으니 감정 표현도 서툴고, 사람들과 관계를 맺기도 쉽지 않습니다. 자존감과 자신감도 낮고 건강한 애착 형성이 이루어지지 않아서 불안감을 안고 삽니다.

권위적인 부모들 중에는 간혹 체벌까지 하는 부모도 있는데, 이런 행위는 훈육이 되기보다는 오히려 아이의 분노와 반항심을 불러일으켜 폭력성을 키울 수 있고, 부모님의 엄격함과 체벌을 피하고자 아이로 하여금 거짓말을 하게 만들 수도 있습니다.

"엄마 말씀 잘 듣니?"

한국 사회에서 어른들이 아이들에게 흔히 건네는 말입니다. 새해가 되어서 덕담으로 하기도 하고, 부모 말을 항상 잘 들어야 한다는, 부모의 의견에 순종하라는 메시지를 암시하는 말이기도 합니다. 아이들 또한 부모에게 편지를 쓰라고 하면 "엄마 아빠 말씀 잘 듣는 착한 아이가 될게요"라는 문구를 자주 쓰기도 합니다. 그런데 이 말을 다시 한번 생각해봅시다.

부모와 다르게 생각하는 아이가 자신의 생각을 이야기하면 부모 말을 안 듣는 나쁜 아이일까요? 왜 아이가 항상 부모 말에 복종해야 할까요? 아이도 아이 생각이 있는데 말이죠. "엄마가 하라고 했으니 해" "어른들 말에는 네~ 하는 거야"라는 말이나 '이거 해라, 저거 해라'와 같이 지시하는 말만 가득한 가정에서 자란 아이는 자기 생각을 자신 있게 말하는 사람으로 성장하기 어렵습니다.

4가지 유형 중에서 가장 바람직한 양육 태도는 **민주적 유형**입니다. 애정과 통제가 모두 높은 경우인데, 아이에게 애정을 충분히 표현하기도 하지만, 아이가 잘못된 행동을 할 때는 통제를 합니다. 아이의 생각과 감정을 존중해주고, 아이가 납득하도록 통제나 규칙의 이유도 설명해줍니다. 애정 속에서 건강한 애착 관계를 형성하고, 옳고 그름이나 되고 안 되는 것을 배우고, 스스로 통제하는 훈련이 되었기에 대인 관계도 좋습니다.

존중은 회복탄력성의 자원 중 하나입니다. 아이는 자신이 존중받는다고 느낄 때, 자신을 사랑할 수 있고, 그 힘으로 어려움을 헤쳐나갈 수 있습니다. 아이와 열린 대화를 하기 위해서는 아이가 어리다고 표현을 억압하거나 제한하지 말고, 아이의 생각을 물어보고 열심히 들어주는, 그리고 아이의 의견을 존중해주는 대화를 해야 합니다. 그 외에도 민주적인 양육 스타일은 회복탄력성의 자원이 되는 자존감, 자기 효능감, 독립성, 사회성 등을 향상시켜줍니다.

그럼 민주적 유형의 부모 밑에서 자란 아이는 별 어려움 없이 자랄까요? 그렇지는 않습니다. 양육 스타일 외에 가정 환경도 아이에게 큰 영향을 미칩니다.

불안정한 가정 환경

양육 환경 또한 아이에게 고난의 요소가 됩니다. 엄마와 아빠의 관계, 다른 가족 구성원 간의 관계를 포함한 가정 분위기가 아이에게 크게 영향을 미칩니다. 부부 사이가 좋지 않을 경우, 부모의 감정적 스트레스와 부정적 에너지는 알게 모르게 아이들에게 전이되기 마련이며, 아이들이 감정 쓰레기통이 되는 경우도 있습니다. 불안한 가정 환경 안에서 아이는 위축되고 불안감을 안고 살며, 이는 아이를 무기력함에 빠지게 하거나 소아 우울증, 강박증, 틱과 같은 증상으로 표출되기도 합니다. 가령 가정 안에 폭언이나 폭력이 있다면 아이들은 불안감을 넘어서 공포감까지 갖게 되며, 아이 또한 분노가 쌓여 폭력적이 될 수 있습니다.

가정 환경에 새로운 변화가 생겨 아이들이 좌절감을 느끼는 경우도 있습니다. 엄마, 아빠랑만 관계를 맺으며 살다가 갑자기 동생이 태어나면 자신이 중심이었던 세상을 동생과 나누어 살게 되는 상황에 놓입니다. 부모님을 독차지하던 시간, 나만 바라보던 부모님의 관심이 분산되고, 조부모나 친척들마저 나보다는 동생을 먼저 봅니다.

한순간에 변해버린 환경에 놓인 아이는 극심한 스트레스를 받기 때문에 지금껏 하지 않았던 이상 행동을 하거나 퇴행적 행동을 하기도 합니다. 동생이 생겨 아이가 체감하는 변화는 아이 입장에서는 큰 역경이라고 할 수 있습니다.

가족이 살던 익숙한 집과 동네를 떠나 새로운 집으로 이사 가는 것도 아이에게는 큰 어려움으로 다가옵니다. 익숙했던 환경에서 얻는 안정감을 새로운 집에서는 찾을 수 없고, 새로운 것에 적응해야 하니까요. 특히 민감한 기질을 가진 아이들의 경우, 감당하고 적응해야 하는 강도를 더 크게 느끼기 마련입니다.

이사를 하게 되는 동기에 따라 아이들이 겪는 어려움의 종류와 크기도 달라집니다. 부모의 이혼, 경제적 어려움, 부모의 이직 등 이사의 이유에 따라 부모와 같이 있는 시간과 아이의 루틴이 달라지겠죠. 새로운 상황에서 달라진 부모의 감정이나 행동이 아이에게 영향을 미치기도 하고요.

사회:
새로운 환경과 관계에서 오는 갈등과 불안

아이들이 속한 세상은 시간이 지남에 따라 그 영역이 커집니다. 아이들이 가족 다음에 만나는 세상은 어린이집이나 유치원, 학교입니다. 낯선 것을 피하려고 하는 것은 사람의 본성입니다. 특히나 어린아이들은 이제 막 세상을 알아가는 시기이니, 세상은 낯선 것투성이입니다. 새로운 사람들을 계속 만나야 하고, 새로운 장소에 계속 가야 하며, 그 모든 것에 적응해야 합니다. 낯설기 때문에 불안하고, 불안하기 때문에 부모에게 더 의존하려고 하는데, 나의 안전장치였던 부모마저 없이 아이는 기관에 가서 혼자 적응해야 합니다.

더군다나 돌도 안 지난 아이들, 부모와 한 번도 떨어져본 적이 없는 아이들은 특정 시간이 되면 엄마가 돌아온다는 개념을 이해하기 어렵기 때문에 더 큰 두려움을 느낍니다. 자신이 속해 있던 환경 안에서 습득한 규칙적인 일상, 본인이 예상할 수 있는 루틴으로 흘러가는 것이 아니라 완전히 새로운, 경험하지 못한 일들로 일상이 채워지니 이를 감당하고 소화하기가 어려운 것은 너무나 당연합니다.

아이가 조금 더 커서 어린이집에 간 경우는 부모님이 시간이 되면 돌아온다는 것은 이해하지만, 이들 역시 집에서는 없던, 혹은 더 엄격한 규율이나 규칙을 배우고 이행해야 합니다.

가정 안에서의 경험은 어찌 보면 나를 중심으로 돌아가는 세상입니다. 아이가 한 명일 경우 더욱 그렇습니다. 그러나 학교라는 단체생활에서는 스스로 밥을 먹거나 옷을 입고 벗어야 하는 등 도움 없이 혼자 해야 하는 일도 늘어납니다. 말을 안 해도 척척 해결해주던 부모가 없으니 자신의 생각을 말로 표현해야 원하는 바를 이룰 수 있습니다. 이렇게 새로운 장소와 적응해야 하는 여러 일이 아이들을 기다립니다.

욕구 지연과 조절이 더욱 중요한 시기

아이들은 익숙한 가족들과 친숙한 집을 떠나 기관에서 처음 보는 친구나 선생님과 소통해야 합니다. 낯선 사람들과 교류하면서 새로운 갈등 상황을 만나게 되고 이를 통해 더 복잡한 감정들을 처음으로 경험합니다.

돌쟁이 아이들이 가정에서 기쁨, 슬픔, 화 같은 단순한 감정을 느껴보았다면, 어린이집에 가면서 처음으로 안타까움, 불안함, 질투심, 조바심, 두려움, 초조함 같은 감정을 느껴보게 되는 것이죠. 이는 아이가 인지적, 정서적으로 더 발달하기 때문이기도 합니다.

나보다 나이가 많은 친척 언니, 동네 오빠들에게 양보만 받다가 갑자기 또래를 만나니, 혼자 쓰던 장난감도 나누어 써야 하고, 때로는 내 것을 빼앗겨보기도 합니다. 이전에 나의 주변 사람들은 내가 놀자고 하면 항상 좋다고 호응해주었는데, 이제는 또래 친구에게 싫다고 거절을 당하기도 합니다. 놀다가 부딪혀 넘어지기도 하고, 때로는 내가 싫어하는 말을 하거나 짓궂은 장난을 치는 친구들도 있습니다.

이렇게 처음 마주하는 감정들에 어떻게 반응해야 하는지 몰라 아이들은 당황합니다. 이전에는 경험해보지 못한 새로운 관계에서 오는 감정들이 아이들에게는 큰 난관이 되는 순간들입니다.

게다가 새로운 환경에서는 원하는 것이 바로 해결되지 않는 상황이 많아집니다. 가정에서는 원하는 것을 굳이 말하지 않아도 표현하지 않아도 부모가 알아서 채워주었고, 욕구를 지연해야 하는 상황 또한 다양하게 겪어보지 못했습니다. 하지만 어린이집에 가거나 또래가 모여 배우는 곳에 다니기 시작하면, 순서를 기다려야 하고, 같이 나누어 쓰기도 하며, 하고 싶은 것도 지금 당장 못할 수 있고 정해진 시간에 맞춰야 하는 순간들이 많아집니다.

감정을 부모에게 표출하던 방식이 새로운 환경에서는 통하지 않습니다. 행동도 마찬가지입니다. 그렇기 때문에 상황에 맞추어 나의 몸을, 나의 감정을 조절해야 하는데 아직 경험이 풍부하지 않고 훈련이 되지 않았기에 답답함을 느끼고 좌절도 합니다. 유아 시기에는 이처럼 새로운 사람과 환경, 그리고 감정 또는 행동 조절이 요구되는 순간들이 고난이며 역경이 되는 것입니다.

한국 사회에서 자라는
아이들이 겪는 고난

이제까지 소개한 것은 모든 나라의 아이들이 성장함에 따라 겪는 공통된 어려움입니다. 이 외에 한국 사회에서 자라기 때문에 겪는 어려움도 있습니다. 한국만의 문화적 특수성으로 인한 어려움을 부모가 잘 알고 있어야 아이들을 더 잘 이해하고 도와줄 수 있습니다.

지난 20년간 미국에서 다양한 문화적 배경을 가진 부모들을 상담하며 느낀 것은 확실히 한국의 부모들이 육아와 교육에 있어서 훨씬 더 노력한다는 것입니다. 특히나 요즘은 점점 더 늦은 나이에 아이를 낳고 외동이 흔하다 보니 부모가 아이를 더욱 애지중지하는 경우가 많습니다.

또한 한국 아이들은 어려서부터 공부 스트레스를 심하게 받습니다. 어떤 나라에서든 어느 시점이 되면 피해갈 수 없는 부분이기도 하지만 유독 한국 사회에서는 더 이른 시기에 스트레스가 시작됩니다. 몇 세까지 뭘 꼭 해야 한다, 안 하면 후회한다는 불안을 조성하는 광고 문구도 드물지 않게 봅니다. 이런 사회적 분위기에 부모들은 어린아이들을 이끌고 사교육 시장에 뛰어듭니다.

자유롭게 세상을 탐색하며, 자신만의 호기심을 채우고, 오감으로 세상을 느끼며, 한창 놀아야 할 시기에 많은 아이가 일찌감치 책상에 앉아 공부를 합니다. 글로벌 인재로 키운다는 명목 아래 조기 교육, 영재 교육, 영어, 심지어 창의력, 스피치, 리더십 수업 등 유명하다는 사교육 시장에 넣기 위하여 레벨 테스트를 준비시키고 아이들의 등급을 매깁니다.

어린 나이부터 테스트로 분류되고, 상위 그룹에 들지 못한 아이들은 낙오자라는 생각에 건강한 자존감을 형성하지 못합니다. "엄마 이것 보세요. 나 잘하죠?"라고 하던 아이들이 유치원에만 들어가도 "못해요. ○○가 더 잘해요. 난 ○○에서 떨어졌어요"라며 자기 비하를 하거나 열등감을 느끼는 것을 봅니다. 너무 안타까운 일이에요.

한국 아동청소년의 사망 원인 1위가 자살인 것도 이와 무관하지 않을 것입니다. 통계청이 발표한 '아동청소년 삶의 질' 보고서에 따르면 2021년 만 0~17세 아동청소년의 자살률이 10만 명당 2.7명으로 역대 가장 높다고 합니다. 특히 12~14세의 자살률이 급증한 것이 충격적입니다.

결과만을 보고, 특히 아이의 성적에만 칭찬을 아끼지 않는 부모가 많습니다. 세상의 전부인 엄마 아빠가 칭찬을 하니 그 기대에 부응하기 위해 아이는 노력하고, 노력한 만큼 결과가 좋게 나오지 않을까 불안감과 초조함을 느낍니다.

"우리 아이는 공부하는 걸 좋아하고 빡빡한 학원 스케줄도 잘 따라요"라고 말하는 부모가 있습니다. 그런데 아이가 정말 그게 좋아서 하는 걸까요? 부모가 정해주는 길로 아이가 잘 따라온다고 해서 방심하지 말고, 아이는 과연 그 안에서 만족하고 즐기고 있는지 점검해볼 필요가 있습니다.

아이를 위해서 어떠한 교육 로드맵을 그리고 있다면, 정말 아이를 위한 것인지, 아이에게 득이 되는 길인지, 실이 되는 길인지, 혹은 나의 욕심이 아닌지 다시 한번 되돌아보는 것이 좋겠습니다. 아이의 회복탄력성을 키우고 싶다면, 교육 로드맵에 아이도 참여시켜야 합니다. 결국 그 로드맵은 부모가 아닌 아이 자신의 것이니 말입니다.

아무것도 하지 않는 '다운 타임'이 필요하다

아이에게 놀이를 빼앗는 것은 우울감을 채워주는 것과 마찬가지입니다. 놀이야말로 아이들을 온전히 자유롭게 만들어주고, 그 자유 안에서 아이들은 즐거움과 행복을 느낍니다. 상호작용을 하며 다양한 감정을 느끼고 다스리며, 주도적인 놀이를 통해 주체성, 계획력, 추진력, 창의력, 문제해결능력 또한 키울 수 있습니다. 그렇다 보니 충분하게 놀 시간이 없는 것 자체가 한국 아이들의 역경입니다.

아이들에게는 노는 시간뿐 아니라 아무것도 하지 않는 '다운 타임down time' 또한 필요합니다. 아무것도 안 해도 되는 정적인, 조용히 쉬는 시간이 있어야 머리도 식히고, 심심함 안에서 무엇을 하면 좋을지 고민도 해보고, 이것저것 시도해보며 창의력을 키울 수 있습니다. 이 과정을 통해 아이 자신이 스스로 좋아하는 것을 알게 되고, 잠재된 재능도 찾을 수 있습니다.

이런 다운 타임은 정서적으로도 육체적으로도 재충전하는 기회를 마련해줍니다. 다운 타임을 갖지 못하는 아이는 본인이 무엇을 좋아하는지, 무엇을 잘하는지, 어떤 문제가 있다면 그것을 어떻게 해결해나아가야 할지 같은 더 높은 차원의 생각을 해볼 기회를 잃게 됩니다.

그런데 주말이 되면 또 여러 경험을 선물해주려고 야외로 체험 활동을 나가거나 문화생활을 하거나 놀이동산도 갑니다. 아이들에게 더 많은 추억을 만들어주고 싶은 부모 마음이죠. 하지만 주중도 모자라 매 주말까지 이렇게 빡빡하게 스케줄이 잡혀 있으면 부작용이 생길 수 있습니다. 아이들도 처음에는 즐겁게 나갔다가 몸이 피곤하니 짜증이 나서 상상하던 즐거운 주말 나들이가 되지 못하는 경우도 있습니다.

바쁜 스케줄에 익숙해지다 보면, 가만히 있는 것을 견디지 못하게 될 수도 있습니다. 다운 타임의 경험이 없으니, 그 시간을 무엇으로 채울지 몰라 더 부모에게 매달리고 의존하게 됩니다. 집에 혼자 5분만 있어도 "심심해"를 연발하기도 합니다. 자신이 무엇을 좋아하고, 무엇을 할 때 재미가 있는지 모르기 때문이죠. 자극적인 것을 지속적으로 찾게 됩니다.

어른들도 쉬는 시간과 때론 멍 때리는 시간이 있어야 재충전해서 다시 일할 수 있듯이 아이들도 몸과 마음의 피로를 풀 수 있는 놀이 시간과 다운 타임을 갖는 것이 매우 중요합니다. 이런 시간을 지켜주지 못하면 부정적인 감정이나 몸의 피곤, 스트레스를 끌어안고 사는 것입니다. 쳇바퀴 돌아가듯 바쁜 스케줄 안에 파묻혀, 불안과 우울감을 느끼고 번아웃이 올 수도 있습니다. 심지어 충분한 수면을 보장받지 못하는 아이도 있는데, 이런 경우 균형 있는 발달에 타격을 받을 수도 있습니다.

물질만능주의가 주는 스트레스

그뿐 아니라 우리 아이들은 유독 겉치레, 물질적인 이해가 다른 나라 아이들에 비해서 빠른 것 같습니다. "어느 단지에 살아?" "○○네 집은 40평이래" "쟤네 집 차는 ○○래" 이런 대화가 아이들 사이에서 흔하게 들립니다. 사실 이것은 우리 어른들의 잘못일 것입니다. 아이들은 부모나 주변 어른들이 하는 말을 그대로 흡수하니까요. 유독 한국 사회가 '남이 보는 나'를 신경 쓰다 보니 아이들 사이에서마저 그런 물질적인 주제가 대화에 자주 등장하는 것입니다.

또한 인터넷을 통해 다양한 콘텐츠에 노출되면서 나와 다른 세상을 쉽게 접합니다. 아이를 현혹하는 장난감들을 소개하는 채널들은 아이의 소유 욕구를 부채질하고, '플렉스'라며 과시욕을 노골적으로 드러내는 유튜브 채널들을 보며 아이들은 상대적 박탈감을 맛보게 됩니다.

물론 아이마다 그런 콘텐츠를 받아들이는 정도의 차이는 있겠지만, 자신이 속한 현실과 너무 다른 현실에 있는 또래 아이들을 보면 어떤 생각이 들까요? 아직 인격이 성숙하지 않은 어린아이들이 물질만능주의에 빠져 삐딱한 시선으로 세상을 바라볼 수 있습니다.

이처럼 아이들은 성장하는 시기에 따라 다양한 어려움에 맞닥뜨리고 좌절하기도 합니다. 이때 회복탄력성이 높은 아이는 쉽게 포기하거나 좌절하는 대신 이를 이겨내기 위해 노력하고 성장할 수 있는데요, 회복탄력성 높은 아이들에게는 공통된 특징이 있습니다. 그 특징들이 바로 회복탄력성의 자원인 셈이지요. 하버드 재학 시절 교육 컨설턴트로서 제가 진행했던 프로젝트와 미국 학교에서 교사와 디렉터로서 만나본 회복탄력성이 높았던 아이들의 이야기를 지금부터 들려드리겠습니다.

3장

회복탄력성 높은 아이들의
5가지 특징

하버드대 재학 시절 학교 현장에 나가 아이의 회복탄력성에 대한 연구를 진행한 적이 있습니다. 보스턴 공립초등학교 아이들의 가정 환경, 학습 태도, 성취도, 대인 관계 등을 밀접 관찰하고, 학생과 부모 그리고 교사를 인터뷰해 아이들이 마주하는 역경이나 좌절 요소에는 어떤 것들이 있는지도 알아보았지요. 또한 아이들이 어려움을 딛고 다시 일어나 나아가는 힘이 어디에서 오는지도 찾는 연구였습니다.

졸업 후에는 20년 넘게 미국의 공립과 사립 학교에서 근무하면서 수만 명의 아이들을 만났습니다. 덕분에 아이들이 상황에 따라 제각기 어떻게 반응하고 대처하는지 관찰할 기회가 많았습니다. 그 결과 저는 회복탄력성이 높은 아이들에게는 공통된 특징이 있다는 것을 발견했습니다.

아이의 회복탄력성을 좌우하는 5가지 요소	
타고난 기질	Character
자존감	Confidence
대인 관계	Connection
소통 능력	Communication
대처 능력	Coping

앞의 표와 같이 회복탄력성에는 특히 5가지 요소가 중요한 영향을 미치는데, 이것을 기억하기 쉽게 5C로 정리했습니다.

지금부터 이 5가지가 어떻게 아이의 회복탄력성에 영향을 끼치는지를 알아볼 텐데요, 그전에 중요한 점을 한 가지 짚고 넘어가겠습니다. 그것은 첫 번째 C인 '타고난 기질'을 제외한 나머지 4C는 후천적으로도 충분히 가꿔나갈 수 있다는 점이에요. 다시 말해 회복탄력성은 특별한 아이만 갖출 수 있는 능력이 아니라 누구든지 얼마든지 키워나갈 수 있다는 것이지요. 그럼 이제부터 5C를 하나씩 살펴봅시다.

타고난 기질:
회복탄력성을 높이기에 유리한 특성들

사람마다 어떤 사건이나 관계로 인한 여러 가지 상황에 반응하는 정도가 다르지요. 예를 들어, 친구가 갑자기 약속을 취소하면 어떤 사람은 화가 나고, 또 어떤 사람은 대수롭지 않게 여깁니다. 이런 선천적 특성을 바로 '기질'이라고 합니다.

미국의 아동 정신 의학자인 알렉산더 토마스와 스텔라 체스는 아이들의 기질에 대해 종단연구New York Longitudinal Study를 실시했습니다. 이들은 아이의 기질에는 다음의 9가지 특성이 영향을 끼친다고 보았어요.

아이의 기질을 결정하는 9가지 특성

	특성	내용
1	활동성	아이의 에너지 레벨. 일상에서의 활동량이 어느 정도인가.
2	규칙성	생활 습관의 예측 가능성. 일상생활이 얼마나 규칙적인가.
3	회피성	새로운 것을 수용하거나 회피하는 정도. 환경이나 사람, 음식 등 새로운 자극에 쉽게 마음을 열고 다가가는가 아니면 회피하는가.
4	적응성	변화에 대한 적응력. 쉽고 빠르게 적응하는가, 변화를 좋아하지 않고 적응하는 데 시간이 걸리는가.
5	반응성	반응의 강도. 자극에 얼마큼 크게 반응하는가.
6	반응 역치	아이의 반응을 이끌어내는 데 필요한 자극의 정도. 빛이나 소리 등 환경의 자극에 얼마큼 예민하게 반응하는가.
7	기분	기분의 질. 평소에 긍정적 정서 또는 부정적 정서를 얼마큼 지니고 있는가.
8	산만성	외부의 자극으로 주의가 이동하는 정도. 주변 자극에 방해받지 않고 얼마나 집중할 수 있는가.
9	주의력과 지속력	아이가 난관에 부딪혔을 때 계속하려는 의지(주의력)와 하고자 하는 일을 지속하려고 하는 특성(지속력). 좋아하지 않는 일에 얼마나 주의를 기울일 수 있는가, 하던 일을 지속하는 기간이 어느 정도인가.

이런 9가지 특성이 어떻게 조합되었는지에 따라 아이의 기질은 3가지로 나눌 수 있습니다. 그건 바로 순한 기질, 까다로운 기질 그리고 느린 기질입니다. 세 기질이 어떻게 다른지, 제가 뉴욕에서 가르쳤던 네 살배기 아이들을 보면 알 수 있을 거예요.

순한 기질을 타고난 아이

제가 일하던 맨해튼의 학교에서는 매주 금요일이면 간식 시간 이후에 20분 정도 거리에 있는 인근 공원으로 산책을 갔습니다. 뉴욕 맨해튼이라는 지역 특성상, 바깥 놀이 시간이라고 해도 학교 건물 옥상에 있는 인조 잔디가 깔린 작은 놀이터가 전부였기에 진짜 잔디밭 위에서 자연과 함께 뛰어놀 수 있는 특별한 날이었지요.

그런데 하루는 보조선생님이 휴가를 내서 아이들을 다 데리고 공원에 가는 것이 안전상 어렵게 되었어요. 대신 실내 강당에서 놀아야 한다는 소식을 아이들에게 전하자, 제나는 어깨를 축 늘어뜨리며 "아, 완전 실망이야!"라고 말했습니다. 하지만 금세 옆 친구와 강당에서 뭐 하고 놀지 얘기하기 시작했지요.

한편 제이미는 그 소식을 듣자 왜 못 가냐고 의문을 제기했습니다. 보조선생님이 없어도 가면 되지 뭐가 문제냐며 공원에 가지고 갈 물통을 챙겼습니다. 강당에 간다고 이야기해도, 밖에 비도 안 오는데 왜 못 가냐며 막무가내였죠. 아이들이 모두 강당으로 가는 도중에 제이미는 학교 문 앞에 주저앉아 울기 시작했습니다. 공원에 가야 한다며 같은 말을 반복하면서 말이지요.

여기서 누가 순한 기질의 아이인지 알 수 있겠지요? 네, 바로 제나입니다. **순한 기질**의 아이는 어떤 상황에서도 웬만하면 쉽게 넘어갑니다. 새로운 사람이나 환경을 긍정적으로 받아들이고, 심지어 변화를 즐기기까지 하지요. 이런 기질을 가진 아이는 대부분 긍정적이고 좌절하더라도 쉽게 털고 일어납니다. 감정에 깊게 빠지지 않고, 비교적 쉽게 감정을 가라앉힐 수 있어서 울음도 짧습니다. 그래서 순한 기질인 제나는 급변한 상황에도 쉽게 넘어갈 수 있었던 것이지요.

반면 제이미는 **까다로운 기질**을 가졌습니다. 환경의 변화에 적응하거나 욕구 지연이 어렵습니다. 자신의 생각이나 예측대로 일이 흘러가지 않으면 그 상황을 받아들이는 데 오래 걸리고 불안감을 느낍니다. 부정적인 감정이 강하게 나타나 행동으로 이어집니다.

그리고 **느린 기질**은 순한 기질과 까다로운 기질의 중간이라고 보면 됩니다. 활동적이지는 않지만 변덕스럽습니다. 새로운 자극에 천천히 적응하며 약간 부정적인 반응을 보입니다. 느린 기질의 경우에도 까다로운 기질의 아이와 비슷하게 새로운 상황에 적응하는 데 시간이 오래 걸립니다. 낯선 것에 경계심이 큰 것은 까다로운 기질과 같지만, 까다로운 기질인 제이미처럼 공격적이지는 않고 좀 더 유순하게 반응합니다. 예를 들어 새로운 대상을 외면하는 반응을 보일 수 있어요. 또 까다로운 기질의 아이들처럼 활동적이지 않고, 환경적 자극에 격동적으로 반응하지도 않으며 움츠리는 경향이 강합니다. 새로운 변화를 즐기지는 않지만, 서서히 관심을 갖고 참여하게 됩니다.

중요한 점은 세 기질 중 순한 기질에 속하는 아이들의 회복탄력성이 더 높게 관찰되었다는 것입니다. 그 이유는 순한 기질을 가진 아이는 새로움에 대한 적응력이 높고, 행복한 정서가 기본적으로 깔려 있기 때문이지요.

외향적인 아이

같은 환경에서 외향적인 성향을 가진 사람은 내향적인 사람들에 비해 행복하다고 합니다. 어떤 환경에서든 타인에게 관심을 가지고 더 적극적으로 상호작용하려는 성향이 있기 때문이지요. 새로움에 대한 두려움보다는 설렘이 먼저이기 때문에 새로운 환경에 더 빨리 적응을 합니다.

새 학기 첫날, 2세 반에서 3세 반으로 올라온 아이들은 이미 아는 친구들이 몇몇 있습니다. 하지만 새로운 교실에서 새로운 선생님과 만나는 날이고, 다른 2세 반에서 올라온 아이들, 또 처음으로 학교에 온 아이들도 있지요. 새로운 환경에서 새로운 사람들과 처음으로 시간을 보내는 날이기도 합니다. 교실에서의 일과도 작년과 똑같지는 않지요.

아이린은 교실에 들어오자마자 새로운 장난감들을 보더니 눈이 휘둥그레졌습니다. 인형의 집에 가서 가구들을 배치하고 역할극을 하며 놉니다. 잠시 후에 두리번거리더니 스티커가 잔뜩 놓인 테이블을 발견합니다. 자신이 좋아하는 귀여운 동물 스티커들을 발견하고 신나서 자리를 옮겨 앉습니다. 옆에 새로운 친구를 보자, "안녕, 난 아이린이야. 세 살이야. 넌 이름이 뭐야?" 하고 묻습니다.

아이린 옆에 앉아 있는 아이는 엔젤리나입니다. 엔젤리나는 아이린의 물음에 대답도 하지 않고, 쳐다보지도 않습니다. 아이린이 계속 말을 걸자, 그 자리를 떠나 아무도 앉아 있지 않은 다른 테이블로 옮겨 앉습니다. 그 테이블에는 퍼즐이 있지만 엔젤리나는 아무것도 하지 않습니다. 자신의 옷 소매를 계속 잡아 빼고 손을 만지작거립니다.

어느덧 오전 자유시간이 끝나고, 교실 중앙에 있는 카펫 앞으로 모이는 시간입니다. 엔젤리나는 그룹에 끼어 앉지 못하고 계속 테이블에 앉아 있습니다. 선생님이 엔젤리나를 데리고 오려고 하지만, 계속 바닥만 보고 움직이지 않습니다. 결국 보조선생님 한 명이 엔젤리나 옆에 앉아서 중간중간 아이의 관심을 그룹 쪽으로 갈 수 있도록 돕습니다.

외향적인 아이린은 새로운 환경에 호기심이 발동해 교실을 구석구석 돌아다니며 탐색했고, 새로운 친구들에게 서슴없이 다가가 먼저 인사하고 적극적으로 교류했습니다. 반면 내향적인 엔젤리나는 새로운 환경에 얼음처럼 굳어서 한 장소에만 머물러 있었습니다. 새로운 환경에 대한 두려움이 더 컸고, 새로운 친구가 먼저 다가온 것에 대해 불편함이 컸습니다.

두 아이는 집에 가서 부모님에게 오늘 하루에 대해 어떻게 이야기할까요? 비슷한 상황이었지만 아이린은 신나는 하루, 엔젤리나는 힘들었던 하루라고 이야기하지 않을까요? 이렇듯 외향적인 성향은 세상에 대한 호기심이 많기 때문에 새로운 것을 두려워하기보다는 적극적으로 탐험하고 변화를 즐기기까지 합니다. 타인과의 상호작용을 적극적으로 즐기기 때문에 대인 관계를 쉽게 맺고 이어갈 수 있습니다. 그래서 새로운 상황에서 오는 어려움은 비교적 적고, 다른 스트레스를 주는 상황이나 난관에 부딪혀도 대인 관계를 통해 힘을 얻어 회복탄력성을 발휘합니다. 외향적인 성향은 회복탄력성의 중요한 자산인 셈이지요.

긍정적인 아이

계획대로 흘러가지 않거나 나의 의지와 다른 결과에 도달하게 되면 아이들은 좌절합니다. 그런데 이런 상황을 완전히 다르게 받아들이고, 그 상황 안에서 창의적으로 문제를 해결하는 아이들은 대체로 긍정성이 높게 나타납니다. 상황 자체보다는 그 상황을 대하는 정서와 태도가 회복탄력성에 영향을 끼칩니다.

밸런타인데이 활동으로 친구들에게 줄 카드를 만드는 시간이었습니다. 아이들이 크레파스로 하트에 색칠을 합니다. 그런데 마크가 색칠을 하다가 크레파스가 뚝 부러졌습니다. 마크는 씩씩거리더니 다른 크레용을 잡고 다시 색칠하기 시작했는데, 또 부러지고 맙니다. "아이, 멍청한 크레용!"이라고 고함을 지르더니 크레용을 집어 던집니다. "나 이제 절대 색칠 안 해!!" 하며 색칠하던 카드까지 찢어버립니다.

이번에는 알파벳을 쓰는 시간입니다. 빅터는 대문자 B를 쓰다가 크레파스가 부러졌습니다. "우와~ 나 정말 힘세지 않아?"라고 하더니 다른 크레파스로 다시 알파벳을 따라 쓰다가 또다시 크레파스가 부러집니다. "아, 또 부러져버렸네. 부러진 크레파스 많으니까 이거 다 녹여서 공룡 크레파스 만들면 진짜 멋지겠다. 선생님, 이거 공룡 크레파스로 만들면 안 돼요?"

아직 힘 조절하는 능력이 발달하지 않은 아이들은 크레파스로 색칠을 하다가 부러지는 게 일상입니다. 이때 짜증을 내며 크레파스를 집어 던지는 마크와 같은 아이도 있고, 빅터처럼 그 상황을 긍정적으로 바라보는 아이도 있습니다. 빅터는 이전에 부러진 작은 크레파스들을 공룡 모양 틀에 넣어 재활용했던 활동을 기억하고, 크레파스가 계속 부러지는 문제 상황을 해결하는 모습까지 보였지요.

빅터처럼 선천적으로 긍정적인 아이들에게는 회복탄력성이 더 크게 잠재되어 있습니다. 긍정적 정서를 가지고 있으면 상황을 다른 시선으로 바라볼 수 있고, 어려운 상황에서도 긍정적인 요소를 찾아내어 좀 더 쉽게 극복할 수 있습니다. 쉽고 행복한 일만 계속되는 법은 없습니다. 누구나 역경을 겪거나 좌절감을 맛볼 수 있지요. 긍정성을 가진 아이들은 난관을 마주할 때 좀 더 창의적이고 긍정적으로 문제를 해결할 수 있습니다.

유머 감각이 뛰어난 아이

긍정적인 성향과의 연결 선상에서 회복탄력성의 또 다른 자산은 유머 감각입니다. 심리적으로 힘든 상황에서도 웃음을 유발하는 생각을 하거나 행동을 하면 긴장이 완화됩니다.

대니얼은 바쁜 부모님을 대신해서 근처에 사는 할머니가 돌봐주는 아이였습니다. 매일 아침 대니얼을 깨워 등원시켜주는 일을 맡아주셨지요. 하루는 대니얼이 짧은 머리가 삐죽 솟아 올라오고 뒷머리가 엉킨 채 등교했습니다. 친구 하나가 "너 머리 진짜 웃긴다. 샤워도 안 했냐?"라고 놀리듯 이야기했습니다. 그러자 대니얼은 "나 슈퍼히어로 같지? 내 파워는 머리에서 나와. 여기 뾰족한 머리에서 파팍 나오는 거야!"라고 되받아치더니 슈퍼히어로 포즈로 교실을 누비고 다녔습니다.

대니얼의 유머 덕분에 문제 상황을 웃어넘긴 친구도 있었습니다. 간식 시간에 샐리는 초콜릿 푸딩을 꺼내서 뚜껑을 열려고 했지만 잘 안 됐습니다. 뚜껑을 힘껏 잡아당기다가 손에서 놓쳐서 푸딩이 책상 위에 엎질러지고 말았습니다. 속상한 샐리는 울기 시작했는데 옆에 앉아 있던 대니얼이 "우하핫, 똥 같아. 이거는 새 똥, 이거는 다람쥐 똥"이라고 합니다. 그러고는 조금 더 큰 덩어리를 보더니 샐리에게 묻습니다.

"이건 무슨 똥 같아? 좀 큰데, 원숭이 똥?"

그러자 샐리도 울음을 멈추고 웃기 시작합니다.

"그거 원숭이 똥 아니야. 강아지 똥."

주위에 앉아 있던 친구들이 온갖 동물 이름을 대며 똥 이야기로 웃음이 넘칩니다.

대니얼은 친구가 자신을 놀리듯 말한 상황에서도, 재치 있게 받아치고 유머러스한 행동을 하며 불편할 수 있는 상황에 잘 대처했습니다. 또한 친구가 곤경에 처했을 때 웃음 포인트를 잡아 다른 친구들까지 웃겨주었습니다.

이처럼 유머에는 고난이나 역경으로 인한 스트레스를 치유하는 효과가 있는데, 노스캐롤라이나 주립대의 바버라 프레딕슨 교수는 이것을 '스트레스 지우개'라고 했습니다. 유머를 잃지 않는 사람들은 역경을 더 잘 헤쳐나간다는 사실을 밝힌 연구도 많습니다.

지금까지 소개한 순한 기질, 외향적인 성향, 긍정성과 유머 감각은 타고나는 기질적인 특성입니다. 하지만 회복탄력성을 좌우하는 5C 중에서 나머지 4가지 C는 아이의 환경과 경험을 통해 키워줄 수 있는 특성입니다. 그러니 회복탄력성의 자원 한 가지를 타고나지 못했다고 해서 아쉬워할 필요는 없습니다. 얼마든지 후천적으로 회복탄력성을 키워줄 수 있으니까요.

자존감:
자기 자신을 어떻게 인식하는가

자존감이란 '자기 자신을 어떻게 인식하는가'의 개념입니다. 자기 존재의 가치를 인정하고 자신을 사랑하는 척도라고 말할 수도 있습니다. 따라서 자존감은 자기 자신을 긍정적으로 인식하고 자신을 사랑하는 것에서 시작합니다. 자존감이 높은 사람은 긍정적인 자아상을 가진 덕분에 남도 나를 사랑할 것이라는 확신이 있어 관계를 맺는 데에도 긍정적이고 두려움이 없습니다. 또한 어떤 상황이 주어져도 내가 노력하면 잘 해낼 수 있을 것이라는 자신감이 있지요.

러시아에서 미국으로 이민을 와서 유치원에 들어온 올가는 아직 영어가 서툴러서 유치원이 어색했지만 항상 웃고 있었습니다. 영어로 간단한 의사 표현은 하는 정도지만 가끔 지시 사항을 이해 못 해서 다른 아이들과 다른 행동을 할 때가 있었지요. 그럴 때 선생님이 가서 다시 이야기해주면 올가는 환한 웃음과 함께 "오케이, 이해를 못 했었어요"라며 개의치 않고 다시 아이들 속으로 들어갔습니다.

올가는 선생님이 책을 읽어주고 질문을 하라고 하면 영어가 서툴러도 손을 번쩍 들었어요. 문법적으로는 완벽하지 못해도, 답답할 때는 러시아어와 몸짓까지 섞어 자신의 생각을 표현했지요. 다른 아이들보다 열정적으로 알파벳 글씨를 연습하고 새로운 것들에 관심을 가졌습니다. 자신이 모르는 것은 당당히 밝히고 자존심 상해하지 않으며 '내가 노력하면 할 수 있다'는 자신감이 있는 아이였어요.

한편 애슐리는 모든 일을 다 알고 싶어 하는 아이처럼 교실을 휘젓고 다니며 간섭하는 일이 많았습니다. 친구들 2~3명이 모여서 이야기하고 있으면 "내 이야기하는 거니?"라며 다가가서 확인하고, 아이들이 모여 깔깔대며 웃고 있으면 "왜 웃어? 나보고 웃는 거야?"라며 인상을 찌푸리기도 했어요.

하루는 선생님과 아이 4명이 한 테이블에 앉았습니다. 알파벳

카드를 뒤집어서 나온 알파벳으로 시작되는 단어를 말하는 활동인데, 애슐리는 자기 차례가 되어도 아무 말도 하지 않았습니다. 선생님은 틀려도 괜찮다고 말해보라고 했지만 애슐리는 너무 피곤해서 말할 수 없다며 책상에 엎드렸어요.

두 아이는 많이 다르지요. 올가는 새로운 것을 배우는 것에 의욕적이고 틀리거나 모른다는 것에서 오는 두려움이 없어요. 그래서 자신의 생각을 자유롭게 표현할 수 있었습니다. 반면 애슐리는 자신이 모른다는 것을 남에게 들키기 싫어서 핑계를 대며 넘어갔습니다. 남이 나를 어떻게 생각하는지에 대한 두려움이 있기 때문에 잘 모르거나 위험을 감수해야 하는 행동은 하지 않았습니다.

학교에서 수많은 아이를 보며 느낀 점은 자존감이 높은 아이들은 어떤 어려움에도 잘 흔들리지 않고 단단하다는 것입니다. 이런 아이들은 과제를 망쳤을 때 혹은 뜻대로 일이 풀리지 않을 때 좌절하지 않고 쉽게 털고 나아갑니다. 성취감을 맛본 경험이 있기 때문이지요.

자존감은 부모가 주입해서 단기간의 노력으로 키울 수 있는 것이 아닙니다. 자신의 가치를 인정받고 자신이 귀한 존재임을 느끼는 것에서 출발해, 성취해본 경험을 바탕으로 스스로 유능하다고 생각하는 것으로까지 이어져야 비로소 자존감이 향상되지요.

성취 경험을 통해 자신감, 자기 효능감, 자기 긍정, 자기애가 향상된 아이는 '노력하면 해낼 수 있다'는 자기 확신이 있기 때문에 위험을 감수하고 도전할 수 있고 실패해도 다시 노력하는 끈기를 발휘할 수 있는 것입니다.

자존감과 자신감이 있는 아이는 자만하는 것이 아니라 자신의 강점은 물론 약점까지 잘 알고, 강점을 활용하기 때문에 문제를 해결할 수 있습니다. 예를 들어 데이비드는 선천적으로 한쪽 다리 길이가 짧으며 또래보다 작고 왜소했습니다. 친구들이 얼음 땡 놀이를 하자고 했지만 데이비드는 얼음 땡 놀이 대신 숨바꼭질을 하자고 제안했습니다.

"나도 너희들이랑 같이 놀고 싶은데 빨리 달릴 수가 없으니 우리 숨바꼭질하는 게 어때? 난 작으니까 잘 숨을 수 있어. 나 찾기 진짜 힘들걸?"

데이비드는 자신이 무엇을 잘하고 못하는지를 정확히 알고, 그걸 친구들에게 터놓고 이야기했습니다. 자신의 강점을 안다는 것은 자신을 사랑하는 법을 안다는 것이고 자존감도 높다는 뜻입니다. 자신이 바라는 대로 일이 흘러가지 않을 때에도 자신의 강점을 생각해보며 문제를 해결해나가지요.

반대로 자존감이 낮은 아이들은 자신에게 어려운 상황이나 어떤 만족스럽지 못한 결과를 맞닥뜨릴 경우, 다른 사람이나 환경에 책임을 전가합니다. 애슐리처럼 말이죠. 자기 확신이 부족하기 때문에 못할 것 같다는 생각에 사로잡혀 해야 할 일을 미루기도 하고요. 이기고 지고, 잘하고 못하는, 이분법적 사고를 하고 과정보다는 결과로, 그리고 남의 생각으로 자신을 평가합니다. 그래서 남의 시선에 많이 신경 쓰고, 시도하기도 전해 포기하는 일도 많습니다.

타인에게만 의존해 형성한 자존감은 일상의 모든 면에서 아이에게 큰 영향을 미칩니다. 남이 잘한다고 하면 자존감이 올라가고, 남의 비판적인 말에는 자존감이 내려간다면 이것은 진짜 자존감이 아니죠. 자기 삶의 주인으로 살아갈 수가 없는 것입니다.

자존감이 타인의 반응에 의해 향상되기도 하는 것은 사실이지만, 진정한 자존감은 다양한 경험 안에서 자신의 가치를 깨닫고 스스로를 믿고 사랑하는 것에서 시작됩니다. 실수하더라도, 좌절하더라도 그것을 견디고 다시 일어나게 해주는 힘이 자존감입니다. 이런 자존감이 삶의 기반이 되어야 자신의 감정에 솔직해질 수 있고, 표현할 수 있으며, 타인들과도 건강한 관계를 형성할 수 있습니다.

정신적, 육체적 건강뿐만 아니라 아이의 행복, 성공, 만족, 유연성, 창의성 등에도 중대한 영향을 끼치는 자존감, 이런 자존감을 키우는 구체적인 방법은 4장에서 자세히 소개합니다.

대인 관계:
일상의 난관을 함께 이겨내는 힘

　회복탄력성 높은 기질을 타고나지 못해도, 자존감이 높지 않아도 난관에 부딪혔을 때 더 쉽게 극복하는 사람으로 자랄 수 있습니다. 그 힘은 바로 대인 관계에서 비롯합니다. 사람은 태어나면서부터 타인과 관계를 맺으며 살아갑니다. 부모와 가족에서 출발해 친척, 이웃, 친구, 선생님 등으로 아이가 속한 세상이 확장됨에 따라 다양하게 뻗어나가지요.

　예측 가능하고 일관성 있는 교류 경험을 한 아이는 안정감을 느끼고 타인에 대한 신뢰감을 쌓아갑니다. 또한 대인 관계에서 친절, 공감, 배려와 같은 긍정적인 경험을 한 아이는 더 깊고 강한 유대감을 바탕으로 회복탄력성을 키워나갈 수 있습니다. 행복심리학의 창시자인 에드 디너 교수는 친밀한 대인 관계와 사회적 기술 그리고 사회적 지지가 회복탄력성에 중요한 영향을 미친다고 했습니다.

슬픔은 나누면 줄어든다

놀이터에서 '무궁화꽃이 피었습니다' 놀이를 하며 아이들 여럿이 뛰어놀고 있었습니다. 에이미가 빨리 뛰어가다가 그만 넘어지고 말았습니다. 결국 울음이 터졌지요. 그러자 술래였던 캐롤라인이 "너 애기니? 넘어졌다고 울어?" 하고 에이미를 다그칩니다. 그때 메들린이 "친구한테 그러는 거 아니야. 에이미한테 사과해"라고 소리치더니 에이미한테 가서 괜찮냐고 물어보며 일으켜줍니다.

메들린은 친구들과 사이좋게 잘 지내는 상냥한 아이입니다. 항상 친절하고 친구들을 잘 도와주고, 양보도 곧잘 하지요. 그래서 이때도 에이미가 곤경에 처하자 공감해주고 편을 들어줬지요. 이런 메들린이기에 친구들이 좋아하는 것도 당연했습니다.

하루는 메들린이 집에서 가지고 온 미니마우스 열쇠고리를 잃어버려서 속상해하고 있었습니다. 에이미는 속상해하는 메들린한테 다가가서 자기가 찾아보겠다고 말하더니 주변을 두리번거리며 다녔습니다. 다른 친구들도 메들린 주위로 모여 같이 찾아보기 시작합니다. 대인 관계가 좋은 메들린이 곤경에 처하자, 너나 할 것 없이 메들린을 도와주러 모인 것입니다. 메들린은 이런 친구들을 통해 위로받고 속상한 마음을 더 쉽게 털어낼 수 있었어요.

위의 일화에서 보면, 메들린의 회복탄력성은 대인 관계에서 비롯되었고, 그 원천은 공감 능력이었습니다. 넘어진 에이미의 마음을 인지했고, 캐롤라인이 '애기'라고 다그칠 때 에이미가 속상할 수 있다는 데 공감했기에 에이미를 위로해줄 수 있었던 거죠. 메들린이 평소 양보를 곧잘 하는 것도 공감에서 비롯된 행동입니다.

대인 관계가 중요하다는 것은 누구나 다 아는 사실이지만, 학습에만 치우친 교육과 양육 환경 탓에 학교나 집에서 이것을 비중 있게 가르치지 않는 것이 현실입니다. 살다 보면 저절로 알아지고, 가르쳐주지 않아도 스스로 터득하며 살아가게 된다고 여기는 부분도 있지요. 하지만 아이의 대인 관계는 양육 환경의 영향을 많이 받습니다. 일상에서 서로 사랑하고 존중하는 태도를 접하면서 성장한 아이들은 가정 밖에서도 인간관계를 스스로 잘 만들어나갈 수 있습니다.

지난 수십 년간 사람들은 IQ를 향상시키는 것이 아이의 성공적인 삶을 보장하는 길이라고 여겨왔습니다. 여기에 더해 최근 10년 사이에는 EQ도 중요시하게 되면서, 이와 관련된 책과 강연들이 쏟아지고 있습니다. 그런데 NQ라고 들어보셨나요? Networking Quotient, 즉 네트워킹 지수, 대인 관계를 맺는 능력을 뜻합니다. 하버드대 재학 당시에도 네트워킹을 중요시 여겨 학교 또는 학생들이 주도하는 모임들이 많았습니다. 주말이면 학생들은 네트워킹 행사에 참여하는 것이 공부 외에 꼭 챙기는 중요한 일상이었죠. 페이스북 창업자인 마크 저커버그와 그의 아내 프리실라 챈도 이런 모임에서 만났습니다.

이렇듯 네트워킹을 구축하고 이어나갈 수 있는 능력이야말로 예측할 수 없는 미래를 살아 나아가는 데 중요한 자산이 됩니다. 사회적 동물인 우리 인간들은 혼자서 살 수 없고, 건강하고 안전한, 바람직한 관계 안에서 서로 의지하고 힘을 북돋아주며 살아가야 하니까요.

하버드대에서 무려 72년간 행복한 삶에 관한 연구를 했는데, 역시 인간관계를 행복의 중요한 요소로 꼽았습니다. 행복을 연구하는 행복학자 J. 포웰은 행복감의 85퍼센트가 원만한 대인 관계에서 나온다고 했습니다. 주변 사람들과의 관계가 깊을수록 어려움이 닥쳤을 때 위로받고 의지하며 더 쉽게 극복할 수 있다는 것입니다.

세상을 살다 보면 스스로 통제할 수 없는 상황이 분명히 있습니다. 그럴 때는 나의 어려운 상황을 가까운 사람에게 이야기하는 것만으로 그 무게를 덜 수 있습니다. 또한 나와 다른 시각을 가진 타인을 통해 새로운 시각으로 문제를 바라볼 수도 있습니다. 그래서 건강한 대인 관계는 회복탄력성에 중요한 요소입니다. 저는 수많은 아이를 가르치며 그 사실을 확인했습니다. 메들린뿐 아니라 회복탄력성이 높은 다른 아이들도 친구나 가족과 끈끈한 연결망을 구축하고 있었으며 대인 관계에서 필요한 사회적 기술 또한 좋았습니다.

대인 관계 능력을 높이기 위해서는 아이에게 첫 타인인 부모와의 관계에서부터 잘 출발해야 합니다. 신뢰를 바탕으로 부모와 건강하고 밀접하게 연결된 아이들은 가정 밖의 더 큰 사회로 나아가 만나게 되는 사람들과의 관계도 잘 형성해나갈 수 있습니다. 첫 시작인 부모와의 관계를 어떻게 시작하는 것이 좋은지, 또 어떻게 이어 나아가야 하는지에 대한 방법은 7장에 담아보았습니다.

소통 능력:
위기를 넘기는 대화의 기술

자신의 생각이나 감정을 말로 잘 표현하는 아이, 대화를 통해
진정한 소통을 할 수 있는 아이, 그리고 도움이 필요할 때 머뭇거
리지 않고 요청할 수 있는 아이는 어떠한 난관이나 역경에서도
쉽게 헤쳐나올 수 있습니다. 다만 말을 잘하는 아이라고 해서 감
정까지 언어로 잘 표현하는 것도 아니고, 타인과 소통을 잘하는
것도 아닙니다.

제가 한글학교 교사로 있던 때 가르쳤던 7세 진아는 말이 끊
이지 않는 수다쟁이였습니다. 교실에 들어서면서부터 어제 어떤

일을 했는지 친구들에게 이야기하느라 바빴지요. 그 이야기를 듣고 있던 예서가 궁금한 점에 대해 물었지만, 진아는 거기에 대답하지 않고 하던 말을 이어서 계속 했습니다. 자기 할 말만 계속하는 진아를 뒤로하고 예서는 다른 친구에게로 가버렸지요.

특별 활동 시간에 연 날리기를 하러 운동장으로 나갔을 때였어요. 연을 처음 날려보는 예서는 생각처럼 연을 띄우기가 쉽지 않아서 속상하다고 진아한테 말했습니다. 진아는 "내 연은 정말 잘 날아. 나 정말 잘 만들었지?"라며 예서를 보고 웃었습니다.

진아를 처음 본 사람은 진아가 언어 능력이 뛰어나다고 생각할 수도 있습니다. 지난 일을 자세히 묘사할 수 있고, 어휘력도 또래 아이들에 비해 뛰어나기 때문이지요. 하지만 진아는 자신의 생각을 표현하는 것에는 능숙할지 몰라도 친구의 말을 경청하지 못합니다. 또한 친구의 입장을 생각하지 못하고 공감해주지도 못해서 대화가 잘 이어지지 않습니다.

진정으로 의사소통이 뛰어난 사람은 나의 생각이나 감정을 말로 잘 표현할 뿐 아니라 남의 얘기도 잘 들어주고 공감해줍니다. 그래야 앞서 말했던 대인 관계가 잘 형성될 수 있고, 그 관계에서 회복탄력성을 키울 수 있거든요.

이런 소통의 언어 외에도, 어려움을 겪을 때 말로 도움을 청할 수 있는 능력 또한 회복탄력성의 자산이 됩니다.

도움을 청하는 것도 능력이다

5세 설아는 자신의 이름을 쓰고 싶은데, 아직 혼자 이름을 바르게 쓰지 못했습니다. 그래서 바르게 쓰고 싶은 마음에 선생님에게 도움을 요청했어요. 선생님은 'ㄹ'을 쓰는 방법을 보여주며 따라 쓰게 했지요. 설아가 드디어 획순에 맞게 'ㄹ'을 썼습니다. 설아는 다음 날도, 그다음 날도 선생님에게 도와달라고 했습니다. 그리고 집에서도 매번 엄마한테 물어보고 쓰곤 했지요. 엄마는 설아가 스스로 써보려 하지 않고 의존만 하는 것 같아 걱정입니다.

려욱이 또한 자신의 이름을 쓰는데, 'ㅕ'와 'ㄹ'의 방향이 자꾸 헷갈렸습니다. 옆에 앉은 친구가 잘못 썼다고 하니, 려욱이가 짜증 난다며 연필을 집어 던지더군요. 선생님이 연필을 던지는 것은 바람직한 행동이 아니라고, 다시 주워서 쓰라고 하자 연필을 주워서 다시 쓰기 시작했어요. 그러다가 또 틀린 것을 발견하더니 "안 해, 안 해. 나 이름 안 쓸 거야. 왜 내 이름만 어려워?" 하더니 종이를 밀어냈습니다.

두 아이를 보며 무슨 생각이 드나요? 설아는 선생님이나 엄마에게 도움을 받아 의존만 하려는 것일까요? 설아는 엄마의 도움을 받아 'ㄹ'을 올바르게 쓴 상황을 기억하고, 또다시 올바르게 쓰고 싶은 동기가 생긴 것입니다. 설아는 약간의 도움을 받아 성공했던 지난 기억을 떠올리며, 오늘도 올바르게 쓰기 위해 도움을 요청한 것입니다. 글자를 바르게 쓰는 능력이 아직 몸에 익지 않기 때문에 도움을 청한 것이지요. 이렇듯 도움을 청하는 아이는 혼자 해결하지 못하는 경우 다른 사람의 도움을 받아서 문제를 더 쉽게 해결할 수 있습니다.

설아와 같이 계속해서 도움을 청하는 아이들에게는, 비계설정(숙련자가 초보자에게 어느 정도 도움을 줄 것인지에 대한 기준을 정하는 일)을 조절해나가면서 스스로 성취해나가는 과정에서 뿌듯함을 느낄 수 있도록 해주는 게 좋습니다.

반면 려욱이는 혼자 해결하려다가 안 되니까 짜증을 내더니 결국 포기했습니다. 간혹 아이가 힘들다고 말하면 너무 나약하지는 않은지 걱정하는 부모가 있습니다. 혹은 아이가 징징대거나 울거나 행동으로 감정을 표출해도 걱정을 합니다. 특히나 감정을 온몸으로 표현하는 아이의 육아는 참 험난하지요. 그러나 어린아이들은 아직 언어 발달과 조절 능력이 부족하기 때문에 울거나 행동으로 감정을 표출하는 것이 자연스럽습니다. 울음이나 행동으로 감정을 표현하는 아이가 더 힘든 것 같지만, 오히려 그런 아이들은 더 건강하게 크고 있다는 신호라고 볼 수도 있습니다. 이런 아이를 부모가 인지하고 도와주려고 노력할 테니까요.

정말 걱정해야 할 아이는 감정을 전혀 표현하지 않는 아이입니다. 이런 아이는 오히려 뒤늦게 문제가 생기는 경우가 있습니다. 표현하지 않고 안으로 누르고 감추기 때문에 부모가 모르고 지나가다가 이차적인 문제가 차후에 발생할 수 있습니다.

려욱이처럼 혼자 해결하려다 포기해버리는 아이에게는 먼저 스스로 노력한 것에 대해 칭찬해준 후 타인에게 도움을 청하는 방법도 있다는 것, 그래도 괜찮다는 걸 알려주는 게 좋습니다.

영어로 소통을 의미하는 단어 Communication의 어원은 라틴어 communis입니다. 공유, 공통이라는 뜻을 가졌습니다. 즉, 의사소통이란 서로의 의견을 공유하는 데서 시작된 말임을 알 수 있지요. 의견을 공유한다는 것은 서로의 감정이나 생각을 공유한다는 의미입니다. 우리는 이런 공유를 통해 그보다 높은 차원의 소통을 가능하게 하는 공감 능력도 발휘할 수 있게 됩니다. 진아에게 부족했던 것도 바로 이 공감이라는 사회적 기술이었지요.

한자어로 소통(疏通)은 '막힌 것을 뚫는다'는 뜻을 가지고 있습니다. 소통이 안 되면 오해로 인한 문제가 생기기도 하고, 난관에 부딪혀도 그 막힘을 뚫고 나가기 힘들지요. 스스로 해결하기 힘든 일에 맞닥뜨렸을 때는 나의 어려움을 타인에게 알릴 수 있어야 합니다. 도움을 청하는 것도 소통 능력이며, 회복탄력성의 훌륭한 자산임을 기억하기 바랍니다.

대처 능력:
난관에 대응하는 방식

회복탄력성이 높은 아이들에게서 공통되게 보이는 마지막 요소는 대처 능력입니다. 대처 능력이란 난관이나 변화에 마주할 때 대응하는 방식을 말합니다. '그 문제를 어떻게 바라보고 대처하는가'는 사람마다 다양할 수 있습니다.

제가 보아온 아이들도 기질이나 상황에 따라 자기만의 방법을 찾아냈습니다. 친구가 놀리면 그냥 무시하고 넘어가는 아이도 있고, "넌 키가 너무 작아서 아기 같아"라고 하는 친구한테 "그래서 내가 귀엽지?"라고 긍정적으로 받아치는 아이도 있습니다. 친구의 놀림이 심해지면 선생님한테 도움을 청하기도 하고요. 비가 와서 놀이터 그네를 타지 못해 속상해하던 어떤 아이는 비가 온 김에 장화 신고 나가서 웅덩이에서 뛰며 그 상황을 다른 기회로 전환하기도 했습니다.

앞서 소개한, 유머로 상황을 유쾌하게 넘기던 대니얼도 항상 그런 것은 아닙니다. 블록으로 거대한 성을 짓겠다며 열심히 탑을 쌓던 날, 친구 한 명이 도와주겠다고 하다가 탑을 무너뜨리고 말았습니다. 그러자 대니얼은 아무 말 없이 다시 탑을 쌓기 시작했어요. 그런데 이번에는 자동차를 가지고 놀던 다른 친구가 또다시 실수로 탑을 무너뜨렸습니다. 너무 속상했던 대니얼은 다른 곳으로 가서 평소에 좋아하던 고양이 인형을 안고 책을 읽었습니다. 이렇듯 대니얼은 좋지 않은 상황을 유머로 넘긴 적이 많지만, 자신이 견딜 수 있는 한계를 넘었을 때는 다른 방법을 찾았습니다.

대니얼이 간 장소는 '안정 코너Calming corner'라고 부르는 곳이었습니다. 아이들이 정서적으로나 신체적으로 쉬어 갈 필요가 있는 경우 언제든지 사용할 수 있도록 배려해서 만든 공간입니다. 커다란 빈백을 두거나 이불 혹은 감각 자극을 주는 도구들을 놓아 마음을 진정시키는 데 도움을 줍니다. 미국의 학교에서는 학기 초에 이 공간을 아이들에게 소개해주고, 필요할 때 자유롭게 이용할 수 있도록 합니다. 뒤에서 설명하겠지만(※245쪽 참고) 집 안에도 이런 공간을 마련하면 좋습니다.

모든 아이에게 좋은 해결책이란 없습니다. 아이의 성향이나 컨디션에 따라 대처하는 방식이 다를 것입니다. 그렇기 때문에 다양한 상황에서 자신만의 방식으로 대처하는 능력을 키우면 회복탄력성을 발휘할 수 있습니다.

고난 앞에서 감정과 행동 조절하기

대처 능력에서 가장 중요한 요소는 바로 조절 능력입니다. 대처 능력이 위기나 고난을 어떻게 바라보고 대처하느냐에 관한 것이라면, 조절 능력은 그 고난이 자극한 나의 감정과 행동을 어떻게 다스리느냐에 관한 것입니다.

감정을 조절한다고 하면 화, 슬픔과 같은 강한 감정을 그저 회피하거나 억누른다고 생각하기 쉬운데, 이 또한 건강하지 않은 방법입니다. 여기서 말하는 조절 능력은 감정을 때와 장소, 상황에 맞게 조절하는 능력입니다. 감정에 휘말리지 않고 평정심을 찾으며, 충동적인 행동도 스스로 통제할 수 있도록 말입니다.

조셉은 산만하고 충동성이 많은 아이였습니다. 계속 새로운 장난감을 찾아서 옮겨 다니고, 활동 하나를 시작하면 끝을 내지 못하고 또 다른 것을 시작했으며, 관심이 가는 것을 보면 서슴지 않고 만졌습니다. 항상 몸이 먼저 나가는 아이라 감정과 행동 조절 커리큘럼을 만들어 교실과 집에서 병행하고 있었죠.

어느 날, 선생님이 동화책을 읽어주는 시간에 아이들이 모여 앉아 이야기를 듣고 있었습니다. 조셉은 3분 정도 앉아 있다가 옆에 앉아 있던 보조선생님에게 "저 피젯토이(손장난감) 좀 주시겠어요?"라고 물었습니다. 선생님이 장난감을 건네자 조셉은 그걸 만지며 2분 정도 더 얌전히 앉아 있었고요. 조셉은 원래 1분도 가만히 못 앉아 있던 아이인데, 움직이고 싶은 욕구를 5분이나 지연할 수 있었던 것은 이 장난감 덕분이었죠.

미국의 학교에는 '아이스크림 소셜Ice cream social'이라는 행사가 있습니다. 새로 입학한 아이들과 부모들이 아이스크림을 먹으며 친목을 다지는 자리입니다. 초콜릿, 바닐라, 딸기 맛 아이스크림이 있는데, 아이들에게는 초콜릿 맛이 제일 인기가 많습니다. 아이작은 긴 줄을 기다렸는데 초코아이스크림이 동이 나자 바로 주저앉아 울기 시작했습니다.

"난 초코아이스크림 먹고 싶다고!"

아이작의 엄마가 딸기나 바닐라 맛을 준다고 해도 막무가내로 초코아이스크림을 달라고 발을 구르고 소리를 지르기 시작했지요. 아이작은 아직 욕구를 지연시키는 연습을 해본 적이 없습니다. 강한 감정, 욕구 또는 행동을 체계적으로 조절해본 경험이 없었던 것이지요.

자기조절능력이란 자기 자신을 먼저 들여다보고 이해하는 것에서 시작됩니다. 조셉도 감정이나 행동 조절을 도와주는 여러 가지 도구를 시도해가며, 본인에게 맞는 도구를 발견하고 활용할 수 있게 된 것입니다.

살다 보면 생각지도 못한 난관이 불현듯 찾아오기도 하고, 반갑지 않은 상황에 놓이게 되기도 합니다. 그러면 그에 따른 감정이 자연스럽게 생겨나기 마련이지요. 감정은 잠시 머물다 사라지기도 하지만, 강도가 클 때는 감정에 압도되어 생각과 행동까지 잡아먹히기도 합니다. 그래서 부정적이거나 과격한 행동을 하게 되고, 자신이 처한 상황을 제대로 볼 수 없게 되거나 상황을 악화시키는 경우도 있습니다.

종종 화를 다스리지 못해 큰 사건으로 이어지는 일들이 보도되곤 합니다. 가까운 주변에서도 유독 자신의 감정을 조절하지 못해 충동적인 행동을 일삼는 사람을 볼 수 있을 거예요. 자기조절능력은 꾸준히 훈련해서 키워가야 하는데, 어린 시절 자신의 감정을 인식하고 건강한 방식으로 풀어내는 연습을 하지 못해서 어른이 되어서도 문제가 발생하는 것입니다.

예측 불가능한 미래에 다양한 도전을 마주하며 성장해야 하는 우리 아이들은 자신의 감정, 생각이나 행동을 다스리고 힘든 상황에 대처하는 방법을 꾸준히 연마해야 합니다. 그래야 충동을 조절할 수 있고, 타인과 긍정적으로 상호작용을 하며 원만한 관계를 맺을 수 있습니다. 이런 조절 능력과 대인 관계를 통해 회복탄력성이 강화되면 아이의 삶에 아주 큰 선물이 될 것입니다. 자기조절능력을 기르는 방법은 6장에서 구체적으로 알아보겠습니다.

지금까지 회복탄력성 높은 아이들의 특징을 살펴봤습니다. 중요한 것은 '어떻게 하면 우리 아이에게도 타고난 기질 외의 4가지 회복탄력성 역량을 키워줄 것인가'일 텐데요. 이어지는 2부에서 아이의 회복탄력성을 길러주는 방법들을 자세히 안내해드리겠습니다. 이 방법들은 매우 기본적이지만 가장 강력한 효과를 발휘합니다. 더욱이 아이들을 위한 것만이 아니며, 어른의 회복탄력성을 향상시키는 데에도 유용한 도구들입니다. 아이는 부모의 거울이라고 하죠. 유연하고 단단한 아이로 키우고 싶다면 부모가 먼저 그런 모습을 보여주어야 합니다.

2부

잠재되어 있는 아이의
회복탄력성 깨우는 법

1부에서 살펴봤듯 타고난 기질 자체가 고난과 좌절을 더 쉽게 이겨내는 사람도 물론 있습니다. 그러나 좋은 소식은 누구에게나 회복탄력성은 잠재되어 있다는 사실입니다. 사람에게는 어려움을 극복하는 본능적인 능력이 있습니다. 실컷 울고 나면 감정이 조금 진정되는 것, 소리를 마음껏 지르고 나면 스트레스가 조금 풀리는 것 등 다양한 모습으로 존재하지요.

아이들에게도 여러 가지 모습을 한 회복탄력성이 잠재되어 있습니다. 특히 어린아이들은 어른보다 더 큰 가능성과 잠재력을 가지고 있기에, 교류하는 사람들과 환경에 따라 그 능력을 꺼내어 더 성장시킬 수 있습니다.

후천적인 노력으로 회복탄력성을 키우는 방법은 크게 3가지가 있습니다. 첫 번째는 감사하기Appreciate, 두 번째는 자신을 믿기 Believe yourself 그리고 세 번째는 조절하기Control입니다. 알파벳을 배우듯 일상에서 쉽게 회복탄력성을 키워주는 세 방법을 각각의 영어 단어 첫 글자를 따서 'ABC 요법'이라고 이름 붙였습니다.

감사하기

감사에는 큰 힘이 있습니다. 감사는 우리의 삶을 행복하게 이끌어주는 비료 같은 존재입니다. 감사하는 것은 곧 긍정성과 연결되고, 긍정성은 회복탄력성에 기본이 되는 요소입니다.

회복탄력성을 키우는 3가지 방법	
감사하기	**A**ppreciate
자신을 믿기	**B**elieve yourself
조절하기	**C**ontrol

"감사는 저절로 우러나는 건데 굳이 가르칠 필요가 있나요?"

이런 의구심이 들 수 있습니다. 물론 감사란 누가 강요하거나 주입한다고 느낄 수 있는 정서는 아니지만, 노력으로 찾을 수 있고 연습을 통해 더욱 키워갈 수도 있습니다. 그래서 감사를 느끼고 표현하는 데는 개인차가 많이 있습니다.

자신을 믿기

아이들이 불안해하고 도전하지 않고 쉽게 포기하거나 어려움을 헤쳐나가지 못하는 것은 자신을 신뢰하지 못하기 때문입니다. 자기 자신을 긍정적으로 생각하지 않기 때문에 자신을 사랑하지 못하고, 이는 대인 관계에도 좋지 않은 영향을 끼칩니다.

아이들은 자신의 가치를 주변 사람들과 환경을 통해 형성해나 갑니다. 그렇기 때문에 부모가 어떤 환경을 만들어주는가, 아이를 어떻게 대하는가가 아이의 자존감 형성에 큰 영향을 미칩니다.

조절하기

자신의 신체와 감정을 조절하고 욕구를 지연할 수 있는 자기 조절능력은 앞서 말했듯 고난이나 좌절에서 다시 일어설 수 있도록 도와주는 회복탄력성의 핵심 요소입니다. 이는 앞으로 아이가 살아가면서 맺을 여러 인간관계에서도 꼭 필요한 능력입니다.

아이들은 친구 관계에서 어려움을 마주할 수 있고, 공부나 스포츠를 하며 자신과의 싸움에 직면할 수 있습니다. 사회에 나아가서도 생각지 못한 역경에 부딪힐 수 있습니다. 아이가 커감에 따라 겪는 난관의 모습과 강도는 달라질 것이고, 회복탄력성의 크기 또한 아이가 경험하는 관계나 환경에 따라 달라질 것입니다.

어릴 때부터 어려움이 닥쳤을 때 꺼내 쓸 수 있는 도구를 많이 경험한다면, 회복탄력성의 크기가 그만큼 커져 좀 더 행복한 삶을 살아갈 수 있습니다. 아이의 기질에 기대어 살아가도록 할지, 혹은 이것을 바탕으로 회복탄력성의 그릇을 더 키워줄지는 부모의 몫입니다. 이 부분에서 부모의 영향은 실로 막대합니다.

이제부터 3가지 방법을 어떻게 아이한테 가르칠 수 있는지 자세히 살펴보겠습니다.

4장

꺾이지 않는
마음 근력 키우기

무언가에 감사할 때 정서적 안정감이 생기고, 행복 호르몬인 옥시토신이 나옵니다. 면역 시스템 또한 활성화함으로써 스트레스나 분노와 같은 부정적인 감정이 완화됩니다. 이런 긍정성은 회복탄력성의 중요한 자원이죠.

따라서 우리 아이가 행복한 어른으로 자라기를 바란다면, 어릴 때부터 감사함을 일상에서 찾고 느끼는 연습을 할 수 있는 환경을 조성해주는 것이 중요합니다. 부모도 일상에서 아이와 함께 감사한 요소들을 꾸준히 찾는 연습을 하며 감사를 습관화하다 보면, 일상에서 불현듯 찾아오는 크고 작은 시련 안에서도 긍정적인 부분을 좀 더 쉽게 찾을 수 있게 되어 정신적, 육체적으로도 더욱 건강하고 행복한 삶을 살 수 있습니다.

그렇다면 아이와 함께 감사하기를 어떻게 시작해볼 수 있을까요? 아이가 18개월 정도 되면 자신이 보살핌을 받고 있는 것을 인식하고, 2세가 되면 원하는 장난감이나 선물을 받았을 때, 친구가 과자를 나누어주었을 때처럼 자신이 좋아하는 것을 받았을 때 감사를 느끼고 "고마워"라며 표현할줄 압니다. 구체적인 물건을 보며 감사함을 느낄 수 있기 때문에 더 쉽게 감사함을 느끼고 표현할 수 있는 것이지요.

그러다 3세가 지나면서 물질 외에 타인의 행동, 친절이나 선행처럼 눈에 보이지 않는 것에 대한 감사함도 인지하고 표현할 수 있게 됩니다. 예를 들면, 놀이터에서 그네를 먼저 타라고 양보를 받게 되는 때와 같이 말입니다.

그런데 타인에게 선물이나 선행을 받은 것이 아니라 일상에서 감사함을 찾아보라고 하면, 아이들은 선뜻 말문을 열지 못하는 경우가 많습니다. 눈만 껌벅거리고 있죠. 이건 우리 어른도 마찬가지일 것입니다. 왜 그럴까요? 일상의 모든 것이 너무 당연하게 느껴져서 그냥 흘려보내기 때문입니다. 부모가 일상에서 감사함을 찾아 느끼고 표현하는 것이 습관이 되어 있지 않다면 아이도 일상에서 이런 경험을 해보지 못하겠죠.

매일 바쁘게 돌아가는 일상에서 감사함을 찾아보는 것이 쉬운 일은 아닙니다. 또한 이것은 자기성찰과 같은 고차원적인 행위이기도 합니다. 그렇기 때문에 아이에게 감사함을 가르쳐주려면 어른이 먼저 모범을 보여주어야 합니다.

말과 행동으로
감사를 표현하는 연습

생각이나 감정은 우리 안에 내재한 것입니다. 어떠한 생각을 하고 감정을 느끼는 것들을 밖으로 끄집어내어 표현하는 것이 꼭 저절로 이루어지는 것은 아닙니다. 연습이 필요하죠.

부모는 아이들에게 거울과 같은 존재입니다. 아이들은 부모가 하는 말, 몸짓, 행동 등 모든 것을 보고 흡수하고 따라 합니다. 꼭 부모가 아니라도 아이와 가장 많은 시간을 보내는 주양육자가 그만큼 중요합니다. 할머니가 키운 아이들이 할머니의 말투를 쓰는 경우가 많죠. 그렇기 때문에 주양육자가 먼저 감사함을 눈에 보이도록 표현해주면서 아이가 느낄 수 있도록 해야 합니다.

방법은 간단합니다. 먼저 일상에서 아이와 대화를 나눌 때 감사함을 표현하면 됩니다. 어떤 것이 왜 감사한지, 그 이유를 덧붙이는 것이 좋습니다. 예를 들어 이런 식이죠.

"오늘 날씨가 너무 좋아서 감사하다. 우리 식구들 놀이터에서 놀라고 햇님이 나왔어. 놀이터에서 따뜻하게 놀 수 있게 해줘서 햇님아, 고마워."

유치원에 등원하기 전에 옷장에 걸린 아이 옷들을 보며 "학교 갈 때 입을 예쁜 옷들이 많아서 감사하다. 그렇지?"라고 할 수도 있겠죠. 자신이 가진 것에 대해 감사하는 모습을 부모가 먼저 보여주는 것입니다.

또한 다른 사람들이 우리를 위해 해준 것이나 이룬 것들을 아이가 인지할 수 있도록 말해줍니다. 예를 들어 글씨를 쓰면서 "세종대왕이 한글을 만들어줘서 우리가 이렇게 편하게 읽고 쓸 수 있으니 정말 감사하다" "경찰 아저씨(또는 매일 보는 경비 아저씨도 좋겠죠)가 우리 안전을 위해서 일해주시니 감사하다"라고 할 수 있습니다.

이처럼 일상에서 소소한 감사할 거리를 찾고 표현하는 환경을 만들어주세요. 아이는 자신이 누리는 것들을 소중하게 여기게 되며, 건강하고 행복하게 자랄 것입니다.

감사 박스를 활용하세요

바쁜 일상에서 감사함을 생각하고 매일 실행하는 게 쉽지는 않습니다. 그래서 시간을 정해두는 방법을 권합니다. 일주일에 한 번, 특정한 시간을 정해서 감사함에 대한 활동을 하는 것이죠. 감사 노트나 감사 일기를 쓰는 것도 좋지만 아직 글씨를 쓰지 못하는 어린아이라면 감사한 사람이나 일에 관해 함께 그림 그리는 시간을 만들어보세요. 휴대폰으로 찍은 사진도 유용하게 쓰일 수 있습니다. 사진을 보며 지난 경험을 회상하고 감사했던 순간을 되짚어볼 수 있으니까요.

이때 감사 박스를 만들어보기 바랍니다. 큼직한 박스를 마련해서 아이와 함께 겉면을 예쁘게 꾸미고, 아이가 그린 감사 그림이나 감사한 순간이 담긴 사진들을 박스 안에 넣는 겁니다. 직접 만들면 아이도 더 애착을 갖게 될 거예요. 그리고 일주일에 한 번 감사 박스 안에 있는 그림과 사진들을 꺼내 가족과 감사 파티를 진행해보세요.

그림을 다시 꺼내 보면서 칭찬도 해주세요. "이번 한 주 동안 이렇게 고마운 사람이 많았구나. 이렇게 감사한 일도 많았네?"라고 말이죠. 아이들이 좋아하는 과자나 치킨, 음료를 먹으면서 할 수도 있고, 음악을 틀어놓고 같이 춤을 출 수도 있어요. 가족들이 좋아하는 것, 즐길 수 있는 것이라면 무엇이든 좋습니다.

감사 파티를 할 때 그림을 그리지 못하는 어린 동생이 있는 경우 서로 감사한 점을 이야기한 후 꼭 안아주는 행동으로 참여시킬 수 있습니다. 같이 박수를 치거나 뽀뽀를 할 수도 있고, 하이파이브와 같은 우리 가족만의 감사 제스처를 함께 만들어보는 것도 좋습니다. 아이의 나이대에 따라 감사함을 말하고, 그리고, 글로 쓰는 방식으로 확장해나갈 수 있습니다.

저희 집의 경우에는 매주 목요일을 감사의 날로 정했습니다. 목요일로 정한 이유는 영어로 Thankful Thursday(감사한 목요일)라고 하면 기억하기 쉽기 때문인데, 요일은 자유롭게 정하면 됩니다. 목요일이 되면 저희 가족은 일주일 동안 배려받았거나 감사했던 일에 대해 함께 이야기를 나눕니다. 가족 구성원 서로에게 감사 편지를 쓰기도 하고, 감사한 마음을 배려의 행동으로 옮겨 실천하기도 합니다.

지난번 감사의 목요일에는 7세인 막내가 저를 위해 마사지 쿠폰을 여러 개 만들어주었습니다. 3분, 5분, 7분짜리로 무려 3장을 받았죠. 11세 큰아이는 바쁜 엄마 아빠를 대신해 동생에게 점심을 만들어주었습니다. 남편은 제가 제일 좋아하는 샹그리아를 만들어줬고, 저는 집안 곳곳을 정리하며 재활용 가능한 물건들을 모았습니다. 저희 집에는 감사 박스 외에 창의력 박스라는 게 있어서 재활용 가능한 잡동사니를 모아뒀다가 아이들이 만들기 같은 창작 활동을 할 때 사용하거든요. 이렇게 식구들을 생각하며 배려의 행동을 찾고 실천하다 보니 가족애도 깊어진 듯합니다.

요즘은 자기 자신에게 감사한 점을 노트에 쓰기도 합니다. 흔히 감사는 다른 사람에게 하는 것이라고 생각해서 나 자신에게 감사하는 게 어색할 수 있어요. 그러나 루틴에 넣어 꾸준히 하다 보니 어느덧 나를 사랑하는 마음이 더 커지고, 자신감과 자존감도 향상되었습니다. 높아진 자존감은 회복탄력성을 단단하게 키워줍니다.

동화책에서 찾는 감사함

아이들과 함께 책을 읽는 것의 장점은 많습니다. 아이의 문해력부터 시작해서, 이해력, 사고력, 상상력이 향상됩니다. 일상에서 친숙했던 사람들이나 장소를 떠나 경험해보지 않은 새로운 것을 만나볼 수 있게 하고, 다른 관점에서 바라볼 수 있는 간접 경험을 선사하기도 합니다. 그뿐 아니라 부모와의 애착 관계 형성에도 도움이 됩니다. 살을 맞대고 앉아 부모의 목소리로 책을 읽어주는 것은 아이들에게 잊지 못할 소중한 추억이 되지요.

독서는 감사를 일깨우는 데도 유용합니다. 시중에는 감사함에 관한 동화책이 많이 나와 있습니다. 아이와 이런 동화책을 같이 읽어보세요. 아이가 다른 사람에 대한 공감과 이해를 높일 수 있고, 감사에 대한 생각을 확장할 수 있습니다.

감사에 관한 책을 고를 때는 아이의 나이를 고려해야 합니다. 1~2세 이전의 어린아이는 누가 나에게 선물을 주었을 때와 같은 눈에 보이는 물질에 대한 감사를 간단한 그림으로 표현하는 생활 동화로 시작하는 것이 좋습니다.

어린이집에 다니기 시작한 아이들 같은 경우는, 타인이 나에게 베푸는 친절이나 배려와 같은 행위에 대한 감사를 담은 책이 좋습니다. 더 나아가 내가 베푼 선의의 행동에 타인이 느끼는 감사를 그린 책을 보면 아이가 타인의 관점을 이해하는 데 도움이 되겠죠.

유치원에 다니는 아이들은 내가 속한 커뮤니티에서 이타적 행동을 하는 사람들 이야기를 담은 그림책이나 다른 문화권에서는 감사를 어떻게 표현하는지 소개하는 책이 좋겠습니다.

독서 후에는 아이들과 이야기를 나누며 연계 활동을 진행하면, 아이들이 이해하고 느끼고 표현할 수 있는 감사함은 더 깊게 뿌리 내리고 더 풍성하게 자랄 것입니다. 아이들은 부모님과 함께 책을 보던 때의 살결과 냄새, 음악 등 그 순간을 통째로 기억합니다. 이런 순간이 감사함에 집중하는 시간이었다면, 감사하는 마음이 아이들에게 더 깊이 각인될 것입니다.

진정성 있는 대화를 나눠라

감사함을 가르치라고 하면 이를 강요하는 부모가 있어요. "어서 감사하다고 해" "감사한 걸 모르면 나쁜 사람이야" "고맙습니다 안 하면 안 준다?" 등과 같이 거의 협박에 가깝게 감사를 강요합니다. 그러나 강요가 동반되면 오히려 역효과를 가져옵니다. 부모에게 혼나기 싫어서, 혹은 칭찬을 받으려고 하는 감사밖에 되지 않습니다. 진심에서 우러난 감사함이 아니기 때문에 앞으로 살면서 삶의 거름이 되는 좋은 습관으로 연결될 수 없습니다.

아이에게 진정한 감사의 의미를 가르치고, 아이가 좀 더 감사를 잘 느끼고 표현하게 만들려면 부모와 지속적이고 진정성 있는 대화가 동반되어야 합니다. 먼저 아이가 스스로 감사한 요소들을 생활 속에서 인지할 수 있도록 다음에 대해 질문해보세요.

- **What**: 무엇이 감사해?
- **How**: 어떻게 그것들이 너에게 주어진 거야?
- **Why**: 왜 감사하다고 생각해?
- **What if**: 만약에 다른 상황이었다면 어떻게 했을까?

    (관점 바꿔 생각해보기)

예를 들어 "감사한 것이 어떤 것들이 있을까?" "네가 가진 것

중에서 감사한 거 한번 찾아볼까?" "감사한 사람들이 있니?"라고 물으면서 무엇^{What}이 감사한지 대화를 나누어볼 수 있겠죠. 그런 다음 어떻게^{How} 그것들이 나에게 주어졌는지 생각해볼 수 있는 질문을 이어서 해볼 수도 있습니다.

"어떻게 할머니가 너에게 이 물건을 주셨을까? 줘야 한다고 생각해서 주셨나? 주고 싶어서 주셨을까?"

그리고 왜^{Why} 고마운지 이야기해보세요.

"왜 감사하다고 생각해? 지금 기분이 어때? 선물로 (또는 친구의 선의로) 기분이 좋아졌으니, 너도 그 친구한테 너의 기분을 표현해보는 건 어떨까?"

이렇게 하면서 아이는 자신의 감정을 더 깊이 인식해볼 수 있고, 진정한 감사의 의미를 깨닫고 일상이 더 풍요로워질 것입니다. 그리고 마지막으로 만약에$^{What if}$ 질문으로, 한 단계 더 깊은 대화를 나눠볼 수 있겠죠.

"만약에 수돗물이 안 나온다면, 전기가 없다면 어떨까?"

항상 우리 곁에 존재하기에 감사함을 의식하지 못하고 지나칠 수 있는 것들에 대해 질문하면서 당연하게 여기는 것들에 감사하는 기회를 마련해보는 것도 좋겠죠. 현재의 상황에 집중해보면서 그 안에서 감사함을 찾아보는 방법도 있습니다.

감사함은 배울 수 있는 능력이고, 연습을 통해서 키워나갈 수 있는 능력이며, 대화를 통해 더 깊이 인지하고 확장될 수 있는 능력입니다. 고마운 일을 5분 동안 생각하고 심박수를 쟀을 때는 안정적이었지만, 자책하고 원망한 다음에 심박수를 재면 스트레스받을 때와 같이 심박수가 증가했다는 연구가 있습니다. 감사한 마음은 즐거움을 담당하는 뇌 회로를 작동시켜 기분을 더 좋게 만든다는 것을 MRI 영상으로 확인해준 연구지요. 감사함이 행복과 직결된다는 사실이 과학적으로 증명된 것입니다.

물질적으로 넘쳐나는 세상에서 크는 우리 아이들은 자신에게 주어진 것들을 너무나도 당연히 받아들이기 쉽습니다. 그러므로 일상에서 감사함에 관한 대화를 시작해보시길 바랍니다. 어색하고 어렵게 느껴진다면, 오늘 좋았던 일 한두 개씩만 말해보는 것으로 시작할 수 있습니다. 즐거웠던 순간, 소소하지만 미소를 살짝 머금게 했던 순간을 떠올려볼 수 있습니다. 소확행, 소소하지만 확실한 행복이라고 하죠. 일상에서 소소한 기쁨을 발견하는 날들이 쌓이다 보면 훨씬 더 큰 기쁨과 행복을 만나는 날들이 그만큼 많아질 것입니다.

감사 일기를 통해
습관을 붙여라

6~7세가 되면 그림으로 생각이나 감정을 표현할 수 있게 되고, 짧은 글도 쓰기 시작합니다. 감사 일기를 그림과 함께 써보는 것은 감사에 대해 생각하고 표현해보는 좋은 활동입니다. 감사 일기는 오늘 하루를 되돌아보고 일상에서 감사한 요소를 찾아 '감사함'이라는 추상적인 감정을 눈에 보이는 그림이나 글로 적어 내려가며 구체화하는 과정이죠. 일종의 자기성찰을 하고, 그 생각을 시각화하여 눈으로 보며 배울 수 있는 좋은 방법입니다.

일기를 쓰기 전, 아이는 감사함에 대해 생각을 해야 하는데, 이

것 자체가 자신을 다시 되돌아보는 기회를 줍니다. 처음에는 타인이 나한테 베푼 친절이나 선물과 같은 내가 받은 것에 대한 감사로 시작하지만, 나 자신에게 감사한 것을 찾아보는 활동으로 확장할 수 있습니다.

따라서 아이의 자존감이 낮을 경우, 부모가 자연스럽게 아이의 장점을 알려주는 것도 좋습니다. 자신이 잘하는 것을 생각할 때 스스로를 긍정적으로 바라보게 되고, 자신이 얼마나 쓸모 있는 사람인가 하는 자기 효능감도 상승합니다. 이는 곧 자존감으로 이어져 회복탄력성을 키우게 됩니다.

부정 에너지를 긍정 에너지로

감사함을 생각하다 보면, 나의 감정에 주의를 기울임으로써 변화하는 감정을 더 잘 인지할 수 있게 됩니다. 그뿐 아니라 주변 사람들이나 사물, 상황들을 좀 더 집중해서 보기 시작합니다. 그런 과정 안에서 내 주변의 특정한 어떤 것들이 나에게 기쁨을 준다는 사실을 인식하게 되는 거죠. 또한 감사함에 집중함으로써 오늘 하루 동안 느낀 부정적인 감정에서 벗어날 수 있습니다.

감사는 긍정의 힘을 키워주어 더 큰 행복감을 느낄 수 있게 해줍니다. 감사를 통해 불안감과 스트레스 레벨을 줄이게 되고, 잘 먹고 잘 잘 수 있게 되니, 몸과 마음도 더 건강해지는 길이지요.

잠이 보약이란 말도 있듯, 잘 먹고 잘 잔 아이들은 짜증도 줄고 친구들과 더 잘 놀고 더 행복한 일상을 보낼 수 있습니다.

감사함으로 주변을 살피다 보면, 같은 상황도 좀 더 긍정적으로 받아들이게 됩니다. 어떤 시선으로 바라보느냐가 생각도, 감정도, 행동도 바꾸는 거죠. 아이스크림이 녹아서 대신 밀크셰이크처럼 마셨다고 해봅시다. 아이스크림이 녹은 상황이 속상할 수도 있지만, 밀크셰이크를 얻었다는 생각으로 전환할 수 있습니다. 같은 상황도 긍정적으로 바라볼 수 있게 되는 것이죠.

이런 긍정적 사고는 가르친다고 길러지는 것은 아니지만, 감사 일기나 연습을 통해 얼마든지 바꾸어나갈 수 있습니다. 오프라 윈프리는 자신의 책《내가 확실히 아는 것들》에서 감사함은 주파수를 변화시켜 부정 에너지를 긍정 에너지로 바꿔준다고 했습니다. 감사함이야말로 일상을 바꾸는 가장 쉽고도 강력한 방법이라고요.

또한 풍요로운 환경에서 크는 요즘 아이들은 원하는 장난감이나 가고 싶었던 장소 등 무엇이든 쉽게 얻는 경우가 많습니다. 유치원에 가서 친구들과 이야기하며 놀 때도, 누구는 무엇을 갖고 있고, 누구는 어디를 다녀왔다는 이야기가 일상의 흔한 대화이기도 합니다. 유튜브나 텔레비전을 봐도 장난감을 소개하는 광고 영상이 넘쳐나고, 이런 환경에서 아이들은 자신이 갖고 있는 것보다

가지지 못한 것에 집중하게 됩니다. 그리고 자신이 소유하지 않거나 가보지 못했던 곳을 동경하기 시작합니다. 이런 상황들은 아이에게 결핍감을 안겨주고 그것을 더 열망하게 만듭니다.

사람들은 소유의 본능이 있어서 원하는 것을 얻을 때 행복감을 느끼고, 그렇지 못한 상황을 힘들어하기도 합니다. 이때 감사 일기가 도움이 됩니다. 감사한 일을 적는 동안 아이는 소소한 것에서도 행복을 발견하는 법을 배우게 됩니다. 내가 원하는 것을 끝없이 욕망하기보다는 내가 가진 것에 집중하게 되고, 그것에 감사하는 마음을 이끌어낼 수 있습니다.

덤으로 얻게 되는 글쓰기 능력

글을 쓰려면 먼저 생각을 해야 합니다. 그래서 감사 일기를 쓰면 스스로 생각하는 습관이 길러지고, 생각을 정리하며 사고력도 향상되고, 자신의 생각을 조리 있게 글로 표현하는 능력도 자라납니다. 또한 자신의 다양한 감정을 표현함으로써 어휘력을 향상시킬 수 있어요. 이 같은 능력은 학습에 필요한 기본 역량이죠.

아직 소근육이 덜 발달되어서 글쓰기가 서툴다면 메모지나 포스트잇 등에 단어를 하나씩 적는 것으로 시작해볼 수 있습니다. 연필을 잡는 자체가 어렵다면 말이나 행동으로 감사 표현을 대체할 수도 있겠지요. 가족에 대한 감사와 사랑을 표현하는 방법은 많습니다. 아이들이 어렸을 때 저는 서로의 얼굴에 하트 스티커를 붙여주거나, 립스틱을 바른 후 냅킨에 키스 마크를 찍어서 주기도 했습니다. 가족들이 서로 안아주는 '허그 타임'을 갖기도 하고, 내 마음대로 작사 작곡한 '사랑해'라는 노래를 불러주기도 했습니다.

아이가 글을 쓰기 시작하면 한 단어에서 한 문장으로, 한 문장에서 세 문장으로 점차 글의 양을 늘려가면 됩니다. 아이의 발달 단계에 맞게 부모님이 활동을 유연하게 선택하는 것이 중요합니다. 평소 감사한 마음을 말이나 행동으로 많이 표현하다 보면, 더 쉽게 감사 노트나 일기로 이어질 수 있겠지요.

욕구 지연의 경험을
선물하라

물질적으로 풍요로운 시대를 살아가는 우리 아이들은 원하는 것을 어렵지 않게 얻습니다. 집안에 아이가 하나뿐이거나 늦은 나이에 어렵게 얻은 아이일 경우 더욱 그런 경향이 있죠. 집안 형편이 넉넉하지 않아도 아이가 원하는 것이라면 다른 것을 줄여서라도 다 채워주는 부모도 많습니다. 혹시 아이가 결핍을 느낄까 봐, 어디 가서 주눅 들고 자신감 없이 클까 봐 걱정합니다. 혹은 부모가 겪은 어린 시절의 힘들었던 기억을 떠올리며, 우리 아이만은 어려움 없이 크기를 바라기도 합니다.

그런데 아이들이 원하는 것을 너무 쉽게 얻다 보면 노력하지 않아도 뭐든 얻을 수 있다고 생각할 수 있습니다. 이를 당연하게 여기고 점점 더 그 요구가 커집니다. 감사하는 마음과 인내하는 법을 배우지 못해서 내가 원하는 대로 되지 않을 때 쉽게 화내고 더 크게 좌절합니다. 부정적 정서나 욕구를 다스려보는 경험을 해보지 못하면, 이차적인 문제가 발생하고 말아요. 원하는 것을 갖기 위한 나름의 노력으로 아이들은 짜증을 내고 불평하고 삐지고 화내고 우는 행동 등으로 대응하게 되는 거죠.

이런 부정적인 대응 방식을 긍정적으로 대체하는 연습을 시켜야 합니다. 갖지 못한 것에 집중해 생긴 부정적인 감정들을 긍정적으로 전환해서 감사할 만한 요소를 찾아보는 연습을 하는 것입니다.

아이가 원하는 것을 바로 주지 말고 노력으로 쟁취할 기회를 주면 좋습니다. 다시 말해, 욕구를 지연하는 법을 연습하는 좋은 기회로 삼으세요. 욕구를 지연하는 동안 아이가 이룰 수 있는 목표를 단계별로 세우고, 그 목표점에 도달했을 때 원하는 것을 얻을 수 있다는 보상 시스템(※173쪽 참고)을 사용할 수도 있습니다. 이를 통해 아이는 노력해야 뭔가를 얻을 수 있다는 것을 배우고, 노력에 대한 긍정적인 경험을 얻게 됩니다.

아이들은 욕구가 지연됨에 따라 강했던 감정이 수그러들며,

때로는 그게 충동적 욕구였다는 점도 인식하게 됩니다. 예를 들어 마트에서는 빨간 자동차가 너무 갖고 싶었지만 집에 와서 다른 자동차들로 놀다 보면, 어제 봤던 그 빨간 자동차는 이미 잊힌 경우도 많죠. 그러니 매사에 감사하는 아이로 키우고 싶다면 원하는 것을 즉시 다 주지 말고 욕구 지연의 경험을 선물하길 바랍니다.

나눔을 통해 얻는 감사함

기부라는 것은 크게 느껴질 수도 있지만, 일상에서 아이들과 쉽게 나눔으로 시작해볼 수 있습니다. 나눔이 소유하고 싶은 욕구를 자제할 수 있는 좋은 경험이 되니까요.

아이들이 가지고 놀던 아기 때 장난감, 작아진 옷들, 선물 받았지만 나는 사용하지 않는 물건들, 또는 많이 읽어서 더 이상 읽지 않는 책들을 아이와 함께 골라서, 친척 동생이나 이웃집 아이에게 물려주는 것을 아이와 같이 해볼 수 있습니다. 아이에게 먼저 골라서 상자 안에 담게 하고, 물건들을 고르며 "지금 고르는 물건들을 다른 아이가 받으면 기쁘겠지?" 하며 대화하는 것이죠.

물건에 대한 집착은 우리 어른들도 놓기가 쉽지 않습니다. 전혀 쓰지 않으면서 언젠가는 쓸 것 같아서 껴안고 있는 물건이 많지 않습니까? 아이들이 어릴 때부터 내려놓는 연습을 시키는 것도 좋은 훈련이 될 뿐만 아니라, 나누는 연습을 통해 관대한 아이로 클 수 있습니다. 내려놓고 베풀고 나눌 때 사람들은 행복을 느낀다고 합니다. 또한 관대한 행동들은 또 다른 감사함을 낳으며 선순환이 되는 것이지요.

아이가 조금 더 크면, 기부하는 과정에 동참시킬 수 있습니다. 기부하는 대상에 관해 이야기하고, 꼭 내가 소유하고 있던 물건이 아니라 새로 산 책들 중 일부를 기부해보는 것도 좋습니다. 아니면 지역 단체나 봉사 기관의 활동에 참여해볼 수도 있습니다. 우리가 찾아가서 도왔을 때 상대방이 느낄 수 있는 감정에 관해 대화를 나누어볼 수도 있고, 우리가 직접 가서 도움을 줄 수 있을 만큼 건강하다는 사실에 감사할 수도 있겠지요.

특별한 기부 경험으로는 아이가 머리가 긴 경우, 긴 머리카락을 잘라서 투병 중인 또래 아이들을 위한 가발을 제작하는 곳에 보낼 수도 있습니다. 생각지 못한 상황에 놓인 아이들을 공감해보며 나의 선의가 타인에게 어떤 감정을 줄 수 있는지, 또 나의 선행으로 나는 어떤 감정을 느끼는지 얘기해보는 것은 매우 소중한 경험이 됩니다.

다름을 인정하고
존중하는 아이로 키워라

아이들은 언제부터 차이를 인식할까요? 어른들이 생각하는 것보다 더 일찍 아이들은 일상에서 다양한 경험을 통해 차이를 접하고 느끼게 됩니다.

제 큰아이가 백일쯤 되었을 때 백화점을 데리고 간 적이 있습니다. 백화점 입구에서 유모차를 밀고 들어가려고 하자 한 흑인 남성이 백화점 문을 잡아주었습니다. 그리고 아이한테 인사를 하자 아이는 까무러치듯 울었어요. 백화점을 나올 때도 역시나 유모차를 끌고 나오는데, 이번에는 동양인 남성이 문을 잡아주었습니다. 이 남성도 아이에게 인사를 했는데, 이때는 아이가 웃더라고요. 아이가 다른 인종 사람의 차이를 알아본 것이죠.

갓난아이가 3개월만 되어도 같은 인종의 얼굴을 선호한다는 연구가 있습니다. 2세 정도 되면 아이들은 사람들 간의 차이, 표면적인 다름을 인지합니다. 특히 어린이집이나 유치원에 가기 시작하면 나보다 키가 크거나 작은 아이, 뚱뚱하거나 마른 아이, 머리 색이 다른 아이도 인식합니다. 피부나 눈동자의 색이 다름을 인식하고 궁금증을 갖게 되죠. 그리고 더 나아가 눈에 보이지 않는 친구들 간의 능력 차이 또한 인지하게 됩니다.

아이들이 사람들 간의 다름에 대하여 인식하고 궁금증을 갖는 것은 너무나 자연스러운 일입니다. 이 시기에 어떤 경험을 하느냐에 따라 다름에 대한 가치가 형성됩니다. 어린아이들은 주변 사람들의 반응과 자신의 경험을 통해 자신이 속한 세상을 이해하고 가치를 만들어갈 수밖에 없지요. 따라서 어른들은 아이의 발달 나이에 맞게 차이에 대한 올바른 가치를 형성할 수 있는 환경을 제공하기 위해 노력해야 합니다.

- 사람은 다 다르고 저마다 고유의 특성을 가지고 있다.
- 다른 것은 틀린 것도, 우월하거나 열등한 것도 아니다.
- 다른 것은 그저 특별한 것이다.

이러한 사실을 아이에게 일깨워주어야 합니다. 부모가 어릴 때부터 다름을 인정하고 존중하도록 가르친다면 아이들은 자신만 다른 상황에 놓일 때에도 그 차이를 특별함과 감사함으로 이해할 것이고, 이는 회복탄력성의 밑천이 될 것입니다.

그렇다면 다름을 인정하고 존중하는 아이로 키우는 구체적인 방법들을 한번 살펴볼까요?

다름에 대해 터놓고 대화하기

저희 딸이 3세 때 슈퍼마켓에 갔다가 백반증을 앓고 있는 흑인 아저씨를 보고 "왜 저 사람 얼굴은 강아지 같아요?"라고 물었어요. 검은 얼굴에 하얀 반점이 덮여 있는 것을 보고 달마티안이 연상되어 이야기한 것이었죠. 그래서 저는 아토피가 있던 아이의 피부를 예로 들며 이렇게 이야기해주었어요.

"사람들 얼굴 색깔이 다 다르듯이 피부도 다 다르단다. 네 피부가 너무 예민해서 빨갛게 두드러기가 올라오고 가려운 것처럼, 어떤 사람한테는 피부를 한 가지 색으로 만드는 데 필요한 성분이 모자라서 반점이 생길 수도 있어."

그러고는 집에 와서 백반증을 앓고 있던 유명 모델의 사진과 기사들을 인터넷에서 찾아서 보여주었습니다. 딸은 평소에도 저 사람은 예쁘다, 뚱뚱하다, 크다, 작다 등 외모에 관심이 많았기에 아름다움의 의미와 바른 가치를 심어주고 싶었습니다. 그래서 그 모델의 어린 시절 이야기도 들려주었어요. 어린 시절 젖소라는 놀림을 친구들에게 받은 적이 있었고 분명 속상한 날도 있었지만, 그래도 이 모델은 자신의 반점을 자기만의 특별한 점으로 생각하고 자신의 길을 꿋꿋이 걸어갔다고요. 그랬더니 결국 그 반점 덕분에 수많은 모델 중 눈에 띄는 특별한 모델이 되었다는 이야기였어요.

이렇게 다른 사람들과의 차이가 특별함이 되고, 그 특별함 덕분에 감사하게 유명 모델이 되었다는 스토리는 제 아이에게 터닝 포인트가 되었습니다. 이후 아이는 얼굴에 화상을 입은 사람이 지나가도, 왜소증 어른이 옆에 있어도 놀라거나 당황하지 않고 그들과 가볍게 인사도 건네게 되었죠.

아이가 다름에 관해 인식하거나 질문할 때는 부모에게 어렵고 고민되는 시간일 수 있지만, 시선을 바꿔 생각해보면 다양성을 가르칠 수 있는 좋은 기회이기도 합니다.

아이들은 "저 사람은 어른인데 왜 아이처럼 작아?" "저 사람은 왜 저렇게 뚱뚱해?" "저 사람은 왜 휠체어에 앉아 있어?"와 같은 질문을 할 수 있어요. 순수한 호기심에서 비롯된 이런 질문들이 가끔은 부모를 민망하게 하거나 난처하게 만들기도 하지요. 이때 그저 "그런 말은 하는 게 아냐"라고만 한다면 아이는 신체적 특징

또는 장애를 부정적으로 생각할 수 있습니다.

그러므로 이런 상황을 불편해하면서 회피하지 말고 아이와 솔직하게 이야기를 나눠보는 것이 좋습니다. 그 상황에서 바로 반응해주면 좋겠지만, 부모님도 당황해서 말이 안 나올 수 있어요. 그럴 때는 "집에 가서 이야기하자"라고 한 뒤에 집에 가서 그 질문에 대해 대화를 나눠보는 거예요. 아이의 질문은 순수한 궁금증에서 나온 것일 수도 있고, 조금 다른 모습에 두려움을 느껴서 묻는 것일 수도 있습니다. 아이의 질문이 어디서 출발했는지 먼저 살펴보고 반응해줘야 합니다.

그리고 그 차이에서 긍정적인 부분을 찾아 강조해주세요.

"노래를 잘하는 사람이 있어야 내 귀가 즐겁고, 용감한 사람이 있어야 사람들을 구해줄 수 있고, 수학이나 과학을 잘하는 사람이 있어야 발명품이 나오겠지? 다양한 사람이 존재해서 세상이 조화롭게 돌아가는 거란다. 그러니 사람마다 다른 것이 얼마나 다행이고 감사하니."

몸이 불편해도 위대한 업적을 남긴 스티븐 호킹과 같은 위인들에 관해 책이나 인터넷으로 궁금한 것들을 찾아보며 열린 대화를 해보는 것도 좋습니다. 다르다는 건 틀린 게 아니라는 것, 오히려 아름다운 것이라는 사실을 아이에게 가르쳐주길 바랍니다.

부모가 먼저 고정관념에서 벗어나기

어린아이들은 다르다는 것을 좋거나 나쁘다고 인식하지 않습니다. 다른 것에 대한 순수한 궁금증만 있을 뿐이죠. 세상을 알아가고 끊임없이 질문하며 자신이 속한 세상을 배우는 시기이므로 편견이라는 것이 형성되기 전입니다.

그런데 부모의 고정관념이나 사고방식이 아이들에게 영향을 미쳐 선입견을 만들고, 자아 형성에 영향을 끼치게 됩니다. 자신이 친구들과 다르다는 이유로 한계를 미리 설정하기도 하고, 다름을 불리하거나 부정적으로 인식하게 될 수도 있습니다.

대표적인 예로 성차별이 있습니다. 아이들은 두 돌 무렵이면 자신의 성별을 인식하게 됩니다. 요즘은 예전에 비해 많이 나아졌지만 성 고정관념이 여전히 생활에 배어 있죠. 예를 들어 명절이 되면 여자들만 음식을 하고 설거지를 하는 것처럼 말이에요. 물론 가족들이 모두 모인 자리나 사회적인 상황을 부모가 다 통제할 수는 없겠죠. 그러니 가정에서라도 양성평등을 의식해서 보여주고, 성별 차이로 인해 제한되는 건 없다는 것을 알려줘야 합니다. 여자아이에게 꼭 핑크색 옷만 사줄 필요도 없고, 남자아이가 바비 인형을 갖고 놀거나 손톱에 매니큐어를 바르겠다고 하는 것을 막을 필요도 없습니다.

성별은 한 가지 예일 뿐 신체적 차이나 사고, 가치관, 인종이나 종교 등에서의 다양성을 제한하거나 차별하지 말고, 존중하고 감사하는 태도를 보여주어야 합니다. 부모의 사소한 행동이 아이들에게 편견을 심어줄 수 있다는 걸 잊지 마세요. 예를 들어 흑인이 옆에 지나가는데 아이를 엄마 몸쪽으로 끌어당기는 행동은 흑인들은 위험하다는 인식을 무의식중에 아이에게 심어주는 것과 같습니다. 아이가 순수한 궁금증으로 "저 사람은 왜 저래?"라고 물으면 "예의가 없다"라고 꾸짖거나 민망한 순간을 넘기기 위해 인상을 찌푸리거나 무시하는 부모도 있어요.

또한 말로는 '다양성이 중요하다'고 이야기하지만, 실제로는 폐쇄적으로 살고 있을 수도 있습니다. 부모인 나부터가 새로운 것이 불편해서 항상 같은 사람들과 시간을 보내고, 편한 장소만 가지는 않나요? 불편해도 시도해야 아이들도 일상에서 접하며 느끼고 배울 수 있습니다. 주로 어울리는 사람들이나 가는 장소에서 탈피해 평소 잘 하지 않는 것도 시도해보길 바랍니다. 말과 행동이 일치하도록 부모 또한 노력해야 합니다.

이미 세상은 똑같은 사람을 원하지 않습니다. 미국의 일류 대학이나 구글, 애플과 같은 세계적인 회사에서도 다양한 직원을 고용합니다. 다양한 사람이 모였을 때 문제를 여러 가지 시각으로 바라볼 수 있고, 다른 배경을 가진 사람들이 모여 창의적인 방안을 찾을 수 있기 때문이죠.

다양성 안에서 서로 이해하고 존중하며 맞추어가는 경험을 해본 아이들은 친구들과의 관계 형성에도 더 능합니다. 차이를 불리한 조건이나 약점으로 생각하지 않고 개성으로 이해하면, 자신의 다름 또한 받아들이고 감사하며, 타인의 다름까지 존중할 수 있기 때문이죠. 그래서 이런 아이들이 학교생활도 잘하고, 사회에 나가 더 다양한 환경에서 여러 사람과 교류해야 할 때도 능력을 발휘합니다. 이처럼 어린 시절부터 다양성과 포용의 가치관를 잘 형성해두어야 회복탄력성을 키울 수 있을뿐더러 미래형 인재로 성장할 수 있습니다.

긍정적인 생각이
감사를 부른다

감사하는 마음은 생각을 유연하게 전환하는 데서 비롯합니다. 부정적인 상황에서 긍정적으로 사고를 전환하고, 다른 관점에서 문제를 바라보고 해석함으로써 감사할 점을 찾을 수 있기 때문이죠. 유연한 사고는 감사함을 낳고, 감사한 마음은 회복탄력성의 자산이 됩니다. 이러한 사고가 습관화되면, 아이는 앞으로 마주할 여러 가지 난관도 다양한 시각으로 바라보고 해결할 수 있습니다. 그 안에서 긍정적인 요소를 좀 더 쉽게 찾아내게 되어 내면이 더욱 건강한 아이로 자랄 수 있겠죠.

일상에서 마주하는 크고 작은 문제들에 대처하는 아이의 사고나 행동을 돌아보고, 그것을 새로운 방식으로 바라보고 이야기해보는 것으로 시작해보길 바랍니다. 예를 들어 처음 시도해보는 일을 앞두고 아이가 많이 긴장하거나 걱정한다면 "새로운 걸 배우는 기회가 되겠네. 정말 설레는 일이야"라고 이야기해볼 수 있겠지요. 혹은 비가 와서 축구 경기가 취소됐다면 "비 때문에 경기가 취소돼서 속상하네"보다는 "비가 오는 덕분에 집에서 영화를 볼 수 있게 되었네. 고마운 비야"라고 말해보는 겁니다.

뇌의 긍정성을 높여라

소피가 색종이를 가위로 잘라서 붙이는 만들기를 하고 있었습니다. 그런데 가위질이 아직 서툴다 보니, 색종이가 찢어지고 말았습니다. 그때 소피는 찢긴 테두리 모양이 더 예쁘다면서 색종이를 더 작게 찢어 붙이며 작품을 완성하더군요. 색종이가 찢어진 덕에 더 멋있게 완성했다며 "찢어진 색종이야, 고마워"라고 말했고요. 이러한 생각의 전환으로 감사함을 발견할 수 있는 일상을 만들어주길 바랍니다.

감사하는 마음은 후천적으로 지속적인 연습과 노력을 통해 충분히 키울 수 있습니다. 매사에 감사하는 사람들은 긍정적이고 스트레스나 우울감도 적습니다. 감사하는 마음 자체가 긍정적인 요소들에 집중하게 만들기 때문이죠.

생각의 작은 변화로 감사함을 찾고, 이런 감사함이 쌓이면 긍정성 또한 향상됩니다. 긍정성이야말로 아이가 인생을 살아가는 데 행복한 길로 인도하는 나침반 같은 역할을 합니다. 생각지도 못한 어려움이 불쑥 찾아와도 유연한 사고를 하는 연습을 꾸준히 한다면, 어떠한 문제에 부딪히더라도 유연하게 대처하며 앞으로 나아갈 수 있을 것입니다.

뇌의 회로는 새로운 경험이나 자극을 통해 다시 생성된다고 합니다. 뇌의 회로가 바뀔 수 있다는 거죠. 심리학자인 대니얼 골먼 교수는 뇌의 긍정성을 높이는 훈련을 하면 회복탄력성이 높아진다고 했습니다. 그리고 행복할수록 뇌의 좌측 전두엽이 더 활발해진다고 합니다. 우리 뇌의 좌측 전두엽은 긍정적 감정을 느낄 때 활성화되는 반면, 우측 전두엽은 부정적 감정을 느낄 때 활성화됩니다. 다시 말해 감사하기를 반복하면 뇌의 긍정성이 활성화되는데, 이는 회복탄력성의 먹이를 키우는 것과 같습니다.

아이에게 감사를 가르치고 긍정성을 키워주고 싶다면 부모의 말 습관부터 돌아보길 바랍니다. 예를 들어 '때문에'라는 말은 남을 탓하는 듯한 부정적인 느낌을 전달하지만 '덕분에'를 사용하면 절로 감사하는 마음을 갖게 됩니다. 사람은 생각하는 대로 말하기도 하지만, 말하는 대로 생각하게 되는 법이니까요.

5장

나를 믿고
존중하는 힘 키우기

자기 자신을 믿는다는 것은 자기 자신을 긍정하고 신뢰한다는 것입니다. 이는 곧 자신을 사랑하고 존중하는 자존감과 연결됩니다. 그리고 자존감은 난관을 헤쳐나갈 수 있는 회복탄력성의 기반이 되어 아이가 힘차게 세상으로 나아갈 수 있도록 이끌어줍니다.

사회복지학에서는 자존감을 '자아를 존중하는 마음, 자신에 대한 존엄성이 타인들의 외적인 인정이나 칭찬에 의한 것이 아니라 자신 내부의 성숙한 사고와 가치에 의해 얻어지는 개인의 의식'이라고 정의합니다. 다시 말해, 아이가 자신의 가치를 어떻게 생각하는가의 척도가 자존감의 핵심이라고 할 수 있습니다.

예를 들어, 뭔가를 몰라서 어려움을 겪는 상황이라고 해봅시다. 이때 자존감이 단단히 자리 잡은 아이는 자신이 모르는 것을 당당히 이야기하고 적극적으로 배우려고 하는 반면, 자존감이 낮은 아이는 타인의 인정으로만 자신의 가치를 측정하기에 자신이 모른다는 것을 들키기 싫어하고, 그래서 도전하기보다는 회피하기 쉽습니다.

자존감이 높은 사람은 내가 뭘 잘해서 다른 사람이 인정해야만 내가 가치 있는 사람이 아니라 내 존재 자체가 가치 있다는 걸 압니다. 이렇게 자신에 대한 신뢰가 단단하게 자리 잡으면 어려움에 직면했을 때도 자신감 있게 극복할 수 있죠.

자존감을 키우는 핵심은 내가 사랑받는 존재라고 느끼는 것과
스스로 해내는 경험을 통해 얻어지는 자기 효능감입니다.

유아기 자존감 발달의
열쇠

갓난아기는 거울에 비친 자신의 모습을 자신이라고 알아채지 못합니다. 자아 개념이 아직 형성되지 않았기 때문이죠. 3개월이 되면서 다른 사람과 자신을 구별하여 자각하고, 6개월이 되면 낯가림을 하며 주 양육자와 애착 관계를 형성하기 시작합니다.

이 시기에 아이는 울음이나 옹알이로 자신을 표현하는데, 이렇게 감정이나 욕구를 표현하는 시기에 부모가 아이의 버릇을 들인다며 장시간 울리거나, 손을 탄다는 이유로 안아주지 않고 달래주지 않는다면, 아이는 부모와의 신뢰감을 쌓을 수 없습니다. 이 시기에는 아이의 다양한 표현에 주목하고 재빨리 반응해주는 것이 아이가 부모와 애착을 쌓고 신뢰를 쌓는 길입니다.

그리고 이는 자존감 형성의 첫 단계라 볼 수 있습니다. 자신이 사랑받는 존재라고 느껴야 스스로를 사랑하는 자아 존중감이 형성될 수 있는 것이죠.

자조 능력이 발달하는 만 2세가 되면, 혼자 밥을 먹거나 옷을 입는 등 일상에서 스스로 문제를 해결하거나 자조적인 행동을 하며 성공의 경험을 통해 성취감을 쌓아갑니다. 성공 경험에서 얻는 자기 효능감은 자존감 향상에 자양분이 됩니다. 자신의 행동에 신뢰감을 갖게 되고, 이런 신뢰감이 쌓이면서 긍정적인 자아를 형성하게 됩니다. 그 결과 자신의 가치를 높게 여길 수 있게 되는 것이지요.

자조 능력 이외에도 놀이를 통하여 아이는 운동이나 미술, 음악 등 다양한 영역 활동들을 접하며 자존감을 키울 수 있습니다. 이 시기에 만약 부모가 너무 깔끔을 떨며 아이가 음식을 먹다 흘리면 바로 닦아버리거나, 아이 스스로 할 수 있는 기회조차 주지 않고 다 대신해준다면, 이는 아이의 자존감 형성에 부정적인 영향을 줍니다.

아이가 3~4세가 되어 어린이집이나 유치원에 가기 시작하면 아이들의 대인 관계는 더 넓어집니다. 가정 내에서의 경험으로 나를 인지하던 데에서 나아가 더 많은 사람과의 교류를 통해 '내가 이런 사람이구나'를 이해하며 자아를 형성하게 됩니다. 이 과정에서 가장 중요한 것은 주변 사람들의 말과 행동입니다.

하지만 그전까지 아이에게 가장 중요하고 기본이 되는 사람은 역시 부모입니다. 그럼 아이는 언제 자기가 사랑받는 존재라고 느낄까요?

아이가 부모의 사랑을 느끼는 5가지 순간

자존감의 가장 기본적인 요소는 조건 없는 사랑입니다. 나는 사랑받기 위해 태어났고, 어떠한 노력을 하지 않아도, 그냥 존재하는 것만으로 소중하고 가치 있다는 메시지가 아이에게 전해져야 합니다. 부모의 무조건적인 사랑을 진정으로 느끼는 것은 자기 자신을 소중히 여기는 바탕이 되고, 이는 세상과 사람들과 긍정적으로 소통하고 교류하며 나아가는 발판이 됩니다.

부모 입장에서는 자식을 사랑하는 게 너무나 당연해서 충분히 사랑을 주고 표현한다고 생각해도, 아이 입장에서는 다를 수도 있다는 것을 염두에 두길 바랍니다. 남녀 간의 사랑에도 표현 방법이 서로 다르고, 상대방의 사랑을 느끼는 정도도 다르지요. 부모와 아이 사이에서도 이런 차이가 있을 수 있습니다. 아이가 내 사랑을 느끼고 있는지, 아이가 느낄 수 있는 방법으로 사랑해주고 있는지 생각해보길 바랍니다. 또한 아이가 자라면서 사랑의 방식도 달라져야 합니다.

일반적으로 아이에게 가장 잘 전달되는 사랑의 방식은 어떤 것이 있을까요? 아이가 부모의 사랑을 느끼는 대표적인 순간이 있습니다.

첫째, 스킨십할 때입니다. 안아주고 뽀뽀하고, 같이 샤워도 하며 살을 부비며 지내는 시간을 통해 아이는 심리적으로 더 안정감을 느끼고, 부모와 더 깊게 연결되는 느낌을 갖습니다. 스킨십을 하면 신체에서 옥시토신과 코티졸과 같은 행복 호르몬이 생성되기 때문에 아이가 긍정적으로 사고하도록 돕습니다. 이런 긍정적인 스킨십을 통해 아이는 부모와 안정적인 애착을 형성할 수 있고, 안정적인 애착 형성이 기반이 되어 타인들과 관계 또한 안정적으로 맺을 수 있습니다.

둘째, 사랑의 말을 들을 때입니다. 아이가 있는 곳으로 내려가 눈맞춤을 하고 사랑스러운 톤으로 사랑한다고 표현해주는 것이죠. "엄마 나 사랑해?" "응. 사랑해" 이렇게 사랑을 확인하고 싶어하는 아이가 물어볼 때, 눈도 마주치지 않고 바쁜 일을 처리하느라 건성으로 "사랑해"라고 말하면 아이는 엄마의 말에 진정성을 느끼기 어렵습니다. 눈으로, 표정으로, 말투로, 몸짓으로, 온몸으로 사랑의 말을 전해주길 바랍니다.

셋째, 경청하는 자세를 보일 때입니다. 아이와 대화를 나눌 때 아이 말을 끝까지 들어주는 여유를 가져야 합니다. 급하다고 말을 끊거나 발음이 정확하지 않다고 다시 말해보라고 다그치거나, 다른 사람 앞에서 지적하거나 비교하진 않나요? 아이와 상호작용할 때의 부모의 말과 행동을 돌아보길 바랍니다.

아이가 뭔가 말할 때는 하던 일을 잠시 멈추고, 아이를 바라보고 몸도 아이를 향해서 '나는 네 이야기를 듣고 있다'는 것을 확실하게 보여줘야 합니다. 부득이하게 급한 일을 할 때는 아이에게 잠시만 기다려달라고 말하고, 일을 처리한 뒤에는 다시 아이에게 돌아가 이야기를 들어주세요.

넷째, 함께 시간을 보낼 때입니다. 짧은 시간이라도 아이에게만 집중하여 의미 있는 시간을 가져야 합니다. 부모와 함께 시간을 보내고 싶은 아이들은 항상 같이 놀자고 합니다. 부모님이 나를 바라봐주고 나와 함께 시간을 보낼 때 내가 사랑받는다고 느끼는 것이지요. 사실 워킹맘이라서, 어린 동생이 있거나 '다둥이'여서 아이와 일대일로 시간을 보내기 힘들 수 있어요. 하지만 많은 시간을 건성으로 놀아주는 것보다 30분이라도 아이에게만 집중해서 재미있게 보내는 것이 더 의미 있고, 아이의 자존감 형성에도 도움을 줍니다. 시간의 양보다 질이 중요합니다.

다섯째, 아이의 요구에 반응해줄 때입니다. 이것은 아이를 위한 행동일 수도, 아이가 원하는 물질적인 선물일 수도 있습니다. 아이가 어떤 것을 부탁할 때, 도와달라고 할 때, 갖고 싶은 것이 있다고 표현할 때 적절하게 반응해줘야 아이는 자신이 의지할 버팀목이 있다는 것을 느끼게 됩니다. 모든 요구를 들어주라는 뜻이 아닙니다. 적절하지 않은 요구라면, 그 이유를 설명해주고 욕구 지연을 가르쳐야 합니다. 이 또한 아이의 요구에 적당한 반응을 보여주는 것이에요. 옳고 그름을 알려주고 절제와 훈육이 동반되어야 아이들이 부모의 사랑을 느낄 수 있습니다.

이런 것들은 아이가 어떤 조건에 맞췄거나 부모가 원하는 행동을 해서 베푸는 사랑이 아닙니다. 아이가 아무것도 하지 않아도, 아이의 존재 자체에 무조건적인 사랑을 주는 것입니다. 그냥 흘려보내는 사소한 일상의 작은 순간이나 상황에서도 아이는 부모의 사랑을 느낄 수 있습니다.

어느 날 마트에 갔다가 저희 딸이 좋아하는 과자를 하나 사 왔더니 아이가 이렇게 말하더군요.

"엄마는 나를 정말 많이 사랑하나 봐. 내가 좋아하는 과자를 사 왔네."

얼마 하지도 않고 정말 사소한 행동이지만 아이가 좋아하는 어떤 것을 해줄 때 아이는 부모의 사랑을 느낍니다. 중요한 건 과자가 아닙니다. 과자를 사 와서 아이한테 던져주고 눈길조차 주지 않는다면 아무 소용이 없겠죠. 아이는 아무런 사랑도 느끼지 못할 겁니다. 물질보다는 따뜻한 손길과 말 한마디가 아이한테는 더욱 크게 다가갑니다.

저희 집에서는 보통 주말에 저와 남편 중 한 사람이 막내를 데리고 놀이터에 나가고 남은 한 사람은 집안일을 하는데요. 하루는 큰아이까지 모두 같이 나가서 막내가 노는 걸 지켜본 적이 있어요. 이때 막내가 "우리 가족들은 나를 정말 사랑하나 봐. 다 같이 나오니까 너무 좋다"라고 하더라고요. 그래서 이후로는 주말 하루는 다 같이 놀이터에 나가기로 했죠.

이렇게 부모의 무조건적인 사랑을 느낀 아이는 자신의 존재 자체가 소중하고 가치 있다고 느끼게 되고, 그로 인해 자존감이 단단하게 뿌리를 내리게 됩니다.

칭찬으로
자신감을 키워라

칭찬은 고래도 춤추게 한다는 말을 많이 들어봤을 거예요. 이 말은 켄 블랜차드의 책 《칭찬은 고래도 춤추게 한다》에서 나온 말인데, 원래 제목은 《Whale Done》입니다. Whale Done은 Well Done(잘했어)이라는 칭찬의 말에서 well(잘)을 whale(고래)로 바꾼 거예요. 고래를 조련하는 데 칭찬이 열쇠였다는 블랜차드의 생각을 위트 있게 표현한 제목이죠.

꼭 이 책이 아니더라도 칭찬은 사람을 변화시키는 원동력이 되고 마법 같은 힘을 발휘한다는 것이 여러 연구에서 증명되었습니다. 그중 하버드대 심리학과 로버트 로젠탈 교수가 진행했던 연구가 있습니다.

캘리포니아의 한 초등학교에서 전교생 중 20퍼센트를 랜덤으로 뽑은 다음 지능이 우수해서 뽑혔다고 말했더니 8개월 후 이들의 성적이 올라갔다는 것인데요, 심리학에서는 그 교수의 이름을 따서 칭찬의 긍정적 효과를 '로젠탈 효과'라고 부르게 되었죠.

칭찬은 불안한 아이의 마음에 '할 수 있다'는 긍정 에너지를 불어 넣어 자신감을 향상시킵니다. 또 칭찬을 받으면 인정받는다는 마음에 더 노력해볼 동기가 생기죠.

칭찬의 긍정적인 효과는 부모라면 아니 모든 사람이 알고는 있지만, 한국 아이들은 비교적 칭찬을 덜 듣고 자라는 것 같습니다. 주변에서 칭찬해줘도 부모는 "아니에요. 고작 이 정도인걸요"라는 식으로 대답하곤 하죠. 이는 겸손이 미덕인 문화의 영향도 있을 테고 과도한 칭찬이 아이를 망칠 수도 있다는 염려 때문이기도 할 것입니다.

물론 과도한 칭찬, 결과만을 향한 칭찬은 문제가 됩니다. 제가 일했던 미국 학교에서는 학기 초에 선생님들 연수가 있는데 여기서 칭찬 기술에 대한 워크숍을 많이 진행했습니다. 그만큼 칭찬이 아이들 교육에 있어서 중요하고, 칭찬하는 데도 기술이 필요하다는 것이죠.

예를 들어 "네가 최고야. 천재야. 똑똑해" 하는 식의 칭찬은 잘못된 자아상을 만들 수 있습니다. "너는 착하니까 ○○ 할래?"와 같은 말은 그걸 안 하면 나쁜 아이가 되는 것이니, 안 한만 못한 칭찬이 됩니다. 칭찬이 너무 과도해도, 인색해도, 자존감 형성에 영향을 끼치기 마련입니다.

이렇게 말하면 칭찬하는 게 너무 어렵다고 하는 분들이 있어요. 그래서 어떻게 해야 효과적이고 적절하게 칭찬할 수 있는지, 기억하기 쉽게 PRAISE(칭찬)라는 단어를 따서 6가지로 정리해봤습니다.

효과적으로 칭찬하는 법: PRAISE	
과정에 대한 칭찬	Process
내적, 외적으로 보상을 주는 칭찬	Reward
질문으로 아이의 생각을 확장시키는 칭찬	Ask
구체적인 정보로 하는 칭찬	Information
신뢰할 수 있는 객관적인 칭찬	Sincere
용기를 주는 칭찬	Encourage

PROCESS: 과정에 대해 칭찬하라

"너 정말 똑똑하다. 천재네."

혹시 이런 말들로 아이들을 칭찬하시나요? 당장은 아이에게 자신감을 줄지 모르지만 이런 칭찬을 남발하면 자존감이 아니라 자만심을 키워줄 수도 있습니다. 노력을 많이 하든 안 하든 똑똑하다는 말을 들으니, 자신을 객관화하지 못하고 우쭐대며 내가 남들보다 우월하다는 생각에 빠질 수 있죠.

또한 '똑똑한 아이' '천재'와 같이 그 아이를 규정하는 식의 칭찬을 많이 하면 아이가 도전하는 것을 꺼리게 될 수도 있습니다. 그 똑똑함의 타이틀을 내려놓기가 무서워 기대에 부응하려다 보니 실패할 수도 있는 어려운 과제는 피하고 쉬운 것만 선택하는 거죠. 아이는 자신이 모르는 것도 모른다고 말 못 하는 사람이 될 수 있습니다. 그러다 보면 결국 자존감은 하락하고 맙니다. 어려운 것을 회피하는 동안 아이도 스스로 해결하지 못하는 자신의 무능력과 한계를 느끼기 때문이에요.

그리고 일상에서 흔히 "잘했어"라는 칭찬을 자주 하지요. 그런데 '잘했다'는 말도 아이가 결과에 대한 칭찬으로 해석할 수 있습니다. 아무리 노력해도, 결과는 달라질 수 있는 것이 우리 인생사죠. 가령 아이가 정말 노력을 했는데도 불구하고 결과는 좋지 않게 나올 수도 있고, 운이 결과를 좌우하는 경우도 있습니다. 그렇기 때문에 결과를 칭찬하기보다는, 아이가 노력했던 과정을 칭찬해줘야 자존감을 키워줄 수 있습니다. 결과는 통제할 수 없지만 노력은 아이 스스로 할 수 있는 것이니까요.

예를 들어 피아노 연주곡 하나를 틀리지 않고 끝까지 쳤을 때 그냥 "잘 쳤다"라고 칭찬하는 대신 "지난주에는 많이 틀렸는데 매일 30분씩 연습한 네 노력이 정말 대단하구나. 왼손 오른손 따로 치면서 연습하는 것도 봤어"라고 잘 치게 되기까지의 과정을 칭찬하는 것이 좋습니다. 결과에 관계없이 이런 칭찬을 받으면 동기부여도 되고 과정에 대한 중요성을 깨닫게 되어, 어려운 일에 맞닥뜨리고 실패를 하더라도 결과를 두려워하지 않고 다시 노력할 수 있게 됩니다.

REWARD: 보상을 주어라

보상에는 내적 보상과 외적 보상이 있습니다. 내적 보상은 어떤 대가를 받지 않더라도 칭찬을 받거나 목적을 달성했다는 것 자체에 대해 자기 안에서 만족감과 성취감을 느끼는 것을 말합니다. 반면 외적 보상은 외부에서 돈이나 물질, 특권 등이 주어지는 것입니다.

아이가 어릴 때는 내적 보상을 느끼고 이해하기 어렵습니다. 그렇기 때문에 아이의 발달 나이에 맞추어 외적 보상으로 시작해서 점차 내적 보상으로 이어가는 것이 좋습니다. 먼저 바람직한 행동을 이끌어내거나 목표를 달성하도록 독려하기 위해 아이들이 좋아하는 음식이나 물건, 활동 등을 이용해서 노력하는 과정을 재미있게 만들어주는 것입니다.

노력하는 건 누구에게나 힘든 일입니다. 그렇지만 그것을 이겨내고 나아가야 하는 것이죠. 그 노력에 대한 보상이 없다면, 아이들은 계속 노력해야 하는 동기를 찾기 어려울 수 있으며, 지속하기 힘들 수 있습니다. 그래서 적절한 외적 보상을 주면서 목표에 도달하는 과정에서 겪게 될 어려움을 좀 더 쉽게 이겨낼 수 있게 도와주면 좋습니다. 예를 들어, 아이가 책을 한 권 읽으면 아이가 좋아하는 스티커를 붙인다든지, 방 청소를 끝내면 가족들이 모여서 게임을 한 판 하는 활동으로 진행할 수도 있습니다.

보상을 계획할 때는 아이의 발달 나이를 고려해 설정해야 합니다. "○○ 하면 ○○ 줄게"와 같은 조건을 강조하면, 어느덧 아이가 "○○ 안 주면 ○○ 안 해"와 같이 반응할 수 있습니다. 역효과가 나지 않도록 '현명한 보상'을 하는 법에 대해서는 뒤에서(※173쪽 참고) 자세히 설명하겠습니다.

외적 보상에 아이가 너무 의존할까 봐 염려하는 부모들이 있습니다. 바람직한 행동 뒤에는 꼭 보상이 따라와야 한다는 메시지를 아이에게 전해주는 것 같아서, 또 아이가 스스로 내적 동기를 만들지 못할까 봐 우려하는 것이죠. 내적 보상이란 한마디로 아이가 스스로 한 행동에 기분이 좋은 것, 뿌듯함을 느끼거나 자랑스러움을 느끼는 것입니다. 하라고 해서가 아니라, 칭찬받고 싶어서가 아니라, 스스로 하고 싶어서 하게 되는 거죠.

내적 보상은 외적 보상과 같이 단시간에 만들어지지 않습니다. 더 많은 시간이 걸리지요. 많은 성공의 경험과 노력의 과정을 통해서 내적 보상은 형성됩니다. 외적 보상으로 시작하여 목표를 이루면, 결국 아이는 내적으로 성취감을 맛보게 되고, 이는 곧 내적 보상으로 이어지게 됩니다.

Ask: 질문으로 아이의 생각을 확장시켜라

아이들은 부모에게 자신이 그린 것, 만든 것, 하는 행동 등을 보여주며 자랑하고 싶어 합니다. 부모에게 인정받고 사랑받고 확인받고 싶어서죠. 그런데 아이도 비슷한 식의 칭찬을 계속 들으면 별 감흥이 없어지고 부모가 영혼 없이 칭찬한다고 생각할 수 있어요. 그렇다고 계속 칭찬받으려고 뭔가를 들고 오는 아이에게 매번 다르게 칭찬하는 것도 부모 입장에선 쉽지 않죠. 그럴 때 좋은 방법이 있습니다. 바로 질문형 칭찬을 하는 겁니다.

예를 들어 아이가 그린 그림을 가지고 와서 "엄마, 내가 한 기봐. 잘했지?"라고 한다면, 그냥 "우와, 잘했네"라는 반응으로 끝내지 말고 아이의 작품이나 행동에 대해 다시 질문해보세요. 그러면 아이는 부모가 정말로 내가 만든 작품이나 나의 행동에 관심이 있다고 느끼게 됩니다.

무엇보다 질문형 칭찬은 아이의 사고와 행동을 한 단계 더 발전시킬 수 있습니다.

"어떻게 그렇게 했니? 정말 흥미로운걸? 지금껏 보지 못했던 거야."

이런 식으로 어떻게 했는지, 어떻게 그런 생각을 떠올렸는지 등의 질문형 칭찬을 통해 아이는 결과물을 만들기까지의 과정을 돌아보게 되고, 더 나아가 다음번에는 어떻게 해야겠다는 생각으로 확장하는 기회가 될 수 있습니다.

Information: 구체적인 정보로 칭찬하라

"잘했어. 훌륭해."

이런 칭찬 많이 하시죠? 《마인드셋》라는 책을 쓴 스탠퍼드대 캐롤 드웩 교수는 그냥 "잘했어"와 같은 칭찬에는 맥락이 빠져 있기 때문에 아이들 입장에서는 자신이 무엇을 잘했는지, 왜 잘한 건지 이해하기 힘들다고 했습니다. 그래서 어떻게 하면 또다시 잘할 수 있는지 모를 수 있다고 하죠.

그렇기 때문에 아이들에게 결과 혹은 목표에 도달하기까지의 과정을 상세하게 칭찬해주는 것이 좋습니다. 예를 들어, 방을 깨끗이 치운 아이한테 그냥 "잘했어"가 아니라 "장난감들을 구분해서 제자리에 잘 가져다 놓았구나"와 같이 칭찬하는 거예요.

사실 아이들한테 장난감을 치우라고 하면, 그냥 한구석에 쓱 밀어 넣기도 하고, 쌓아놓기도 하고, 한 바구니에 마구 담아놓기도 하죠. 그냥 방을 치웠다는 사실을 넘어 '구분'을 해서 '제자리에 잘 가져다 놓았다'라는 좀 더 구체적인 정보를 제공하면 아이는 내가 무엇을 잘해서 칭찬을 받았는지 명확한 이유를 알게 됩니다. 그래서 다음번에 치울 때도 구분해서 제자리에 가져다 놓는 걸 기억하고 반복하게 되죠.

또 다른 예를 들어볼게요. 아이가 그린 그림을 보며 "멋지다"나 "잘 그렸다" 같은 단순한 칭찬보다는 "다양한 재료를 써서 강아지를 더 재미있게 표현했구나"와 같이 구체적으로 칭찬하는 겁니다. 그러면 아이는 내 그림이 왜 멋진 건지 이해할 수 있고, 아이 또한 다른 사람의 작품을 봤을 때 왜 좋은지 그 이유를 생각해보는 사고력이 생깁니다. 또한 내가 무엇을 잘하는지 인식하게 되어, 계속 그 방향으로 노력하는 효과도 얻을 수 있습니다.

Sincere: 신뢰할 수 있는 객관적인 칭찬을 하라

칭찬을 좀 더 효과적으로 하려면 그 칭찬은 객관적이고 현실적이어야 합니다. 그래야 아이 또한 현실적인 기준을 이해하고 적용할 수 있습니다. 예를 들어, 아이가 또래 아이들에 비해 그림을 잘 그리는 것이 아닌데 기를 살려주고 싶은 마음에, 또 칭찬이 아이 자존감을 키운다고 하니 무턱대고 "와, 잘 그린다. 화가가 되겠네" 하는 칭찬을 한다면 아이가 현실과 동떨어진 잣대를 형성할 수 있습니다.

무분별한 칭찬은 아이와의 관계에도 영향을 미칩니다. 아이도 크면서 결국 깨닫게 되거든요. 부모님은 내가 제일 잘한다고 했지만 실제로는 그렇지 않다는 걸 말이죠. 또래보다 부족한 부분이 얼마든지 있을 수 있어요. 그러면 도리어 부모의 말에 신뢰성이 떨어지게 되는 거죠. 혹은 '부모님이 나에 대해 큰 기대가 없구나. 그래서 건성으로 칭찬했구나'라며 오해할 수도 있습니다.

또한 집안에서 과도한 칭찬을 받던 아이는 집 밖에 나와서 칭찬을 받지 못할 때 쉽게 좌절하거나 칭찬 없이는 의욕을 상실해서 노력하지 않을 수도 있습니다. 혹은 칭찬하는 부모의 기대감을 무너뜨리기 싫어서 자신이 원하는 것을 찾기보다는 부모의 눈치를 살피게 될 수도 있습니다. 그래서 칭찬은 현실적이고 객관적으로 해줘야 합니다.

그렇다고 해서 너무 냉정하게 아이를 판단하라는 말은 아닙니다. 예를 들어 항상 "너보다 잘하는 애들은 얼마든지 많아"라고 하면 아이가 자신감을 잃게 될 수도 있으니까요. 앞서 말했듯 과정을 칭찬하되, "네가 제일 잘한다. 다른 애들보다 훨씬 낫다"라는 식의 비교하는 칭찬이나 현실과 동떨어진 과장된 칭찬은 삼가는 게 좋습니다. "저번에 그린 공룡보다 이번에 그린 공룡을 더 무섭게 잘 그렸네" 하는 식으로 아이의 전과 후를 비교해 발전한 것을 칭찬하는 게 더 효과적이에요.

무엇보다 중요한 것은 마음을 담은 정직한 칭찬이어야 한다는 거예요. 바쁜 일상에서 아이가 만든 것을 들고 와서 보라고 합니다. 설거지를 하고 있는데 태권도 동작을 한다든지, 앞구르기나 풍차돌리기 등을 하면서 나 좀 보라고 합니다. 이때 아이를 쳐다보지 않고, 영혼 없이 "응. 잘하네" 하고 지나치는 경우가 많죠. 아이들이 칭찬을 갈구하는 이유는 부모의 관심을 원하기 때문입니다. 내가 좋아하는 부모가 나를 바라봐주고 인정해주는 것을 느끼고 싶어서입니다. 진심으로 관심 있게 봐주고 들어주는 것 자체가 아이가 또다시 도전하는 동기가 됩니다.

그러므로 아이가 레고로 만든 것이나 그림을 자랑스러워하며 보여준다면 잠깐 하던 것을 멈추고 아이와 눈을 맞추며 이야기해주세요. "엄마 지금 바쁘니 저리 가" 또는 "그냥 나중에 볼게"라고 말하면 엄마가 나에게 관심이 없다고 생각해 상처가 될 수도 있습니다. 도저히 틈이 안 나는 상황이라면, 지금 하는 일을 끝내고 보겠다고 하고, 기다려주는 아이의 인내심을 칭찬해주세요. 그리고 바쁜 일을 마친 뒤에 다시 아이가 칭찬받고 싶어 했던 것을 같이 들여다보는 시간을 꼭 확보해주는 것이 중요합니다.

Encourage: 용기를 북돋는 칭찬을 하라

혹시 아이가 쉽게 포기하거나 결과에만 집착하나요? 자신을 포장하기 위해 핑계를 대거나 장난으로 넘기거나, 아니면 그냥 하기 싫다고 회피하지는 않습니까? 이런 경우 용기를 북돋아주는 칭찬을 하면 바람직한 행동으로 이끄는 데 도움이 됩니다. 그 목표를 이루기까지의 과정을 응원하며 아이의 자존감을 키워주는 것이죠.

미국 학교에서는 "Can you show me?(보여줄 수 있니?)"라는 표현을 아이들에게 자주 씁니다. "네가 피아노를 얼마큼 칠 수 있는지 한번 보여줄래?" "네가 혼자 할 수 있는지 보여줄래?"처럼 아이가 뭔가를 할 수 있도록 북돋아주는 것이죠. 특히 자신감이 약한 아이에게는 더욱더 이처럼 용기를 주는 칭찬, 그리고 아이의 노력을 알아봐주는 칭찬이 중요합니다.

그런데 용기를 주는 칭찬에도 주의할 점이 있습니다. "괜찮아. 이 정도면 잘한 거야. 다음에 더 잘할 수 있어"와 같은 칭찬은 얼핏 용기를 불어 넣어주는 것처럼 들릴 수 있어요. 하지만 만약 아이가 절실히 원했던 것인데 결과를 얻지 못해 아이 스스로 만족하지 못했을 때 이런 칭찬을 한다면, 아이는 '나에 대한 기대가 고작 이 정도인가?'라는 생각을 할 수도 있고, 무엇보다 이런 칭찬은 근본적으로 아이의 욕구를 해결하지 못합니다.

그럼 어떻게 해야 할까요?

"이번에 노력한 거 엄마가 다 알아. 그 노력, 정말 엄마는 칭찬해. 하지만 결과가 아쉽긴 하겠다. 다음엔 어떻게 하면 네가 원하는 것을 이룰 수 있을지 생각해보자. 이번 경험으로 ○○를 배웠으니, 다음에는 더 잘할 수 있을 거야."

이와 같이 아이의 노력을 칭찬하면서 결과에 아쉬워하는 아이의 마음에 공감해주세요. 또한 이번 경험을 발판 삼아서 다음에는 어떻게 다르게 해볼 수 있는지 생각해보는 거죠. 그러면서 아이는 더욱 성장하고 용기도 얻게 될 것입니다.

아이를 칭찬할 때 주의할 5가지

칭찬 기법을 활용할 때 잊지 말아야 할 것이 몇 가지 있습니다.

첫째, 칭찬은 일관성 있게 해주는 것이 좋습니다. 같은 일을 했는데도 하루는 부모가 기분이 좋다고 칭찬을 해주고, 하루는 기분이 나쁘다고 칭찬을 안 해주면 아이는 어떻게 느낄까요? 매우 혼란스러울 것입니다.

이런 경우도 있습니다. 아이가 친구한테 뭔가를 양보해서 칭찬을 했어요. 그런데 또 어떤 날엔 아이가 맨날 양보만 하는 것 같아 좀 안타까운 생각이 들어서 "넌 왜 맨날 양보만 하냐"라고 하는 거죠. 그러면 아이는 자신의 행동에 확신이 없어집니다. 그래서 부모가 옳고 그름의 기준을 확실히 가지고 있어야 합니다. 부모의 가치관이 흔들리면 일관성 있게 칭찬하기가 힘들거든요.

둘째, 칭찬으로 시작했다가 질책으로 끝내지 말아야 합니다. 칭찬한 후에 바로 지적을 하는 경우가 있어요. "특성 있게 잘 만들었네. 잘했는데, 다음엔 이렇게 해봐. 이 부분이 아쉽네"라고 하거나 "이름 잘 썼네. 그런데 글씨가 조금 삐뚤빼뚤하네?"라는 식입니다. 이런 칭찬은 안 한 것만 못한 게 됩니다. 아이가 칭찬받은 기쁨을 느껴볼 새도 없이 지적당한 감정에만 휩싸이게 되거든요. 칭찬할 때는 아이가 그 칭찬을 온전히 느낄 수 있도록 칭찬에만 집중하길 바랍니다.

'칭찬할 점도 있지만 고쳐줘야 할 점도 있는데 어떡하지?'라고 생각하는 부모도 있을 텐데요. 이럴 때는 칭찬을 하고 시간이 좀 흐른 뒤에 말하는 게 좋습니다. 그것도 지적하기보다는 질문형으로 말해보세요. 아이가 숙제를 하고 있다면 "글씨를 좀 더 천천히 써보면 어떨까? 그럼 글씨를 더 예쁘게 쓸 수 있을 것 같은데, 어떻게 생각해?"라고 말이죠.

셋째, 사람이 아니라 행위를 칭찬해주세요. '착한 아이' '똑똑한 아이' 하는 식으로 아이를 정의하는 방식의 칭찬은 곤란합니다. 예를 들어 "동생이 어려워하는 것을 도와주었구나. 잘했어"라는 칭찬은 아이의 행동을 칭찬한 것이지만 "동생을 도와주는 착한 어린이네"와 같이 사람을 정의하는 칭찬은 좋지 않습니다. 이 경우 동생을 도와주면 착한 아이이고, 안 도와주면 나쁜 아이라는 인식을 심어줄 수 있기 때문입니다.

동생을 못 도와주는 상황이 생길 수도 있는데, 그런 경우 자신이 나쁜 아이라고 인식할 수도 있고, 진심에서 우러나서가 아니라 착한 아이가 되어야만 부모님한테 인정받을 수 있다는 압박감으로 인해 행동하게 될 수도 있습니다.

넷째, 칭찬의 목표를 너무 높게 잡지 마세요. 부모가 아이의 능력이나 행동에 맞지 않게 너무 높은 기대치를 갖고 있으면 칭찬에 인색해질 수 있습니다. 3세 아이가 친구들과 장난감을 사이좋게 양보하며 노는 것을 바라지 말고, 6세 아이가 글씨를 또박또박 잘 쓰길 바라지 마세요. 아이가 뭔가 좋은 일을 했는데 상을 받아올 때까지 기다리지 말고, 1등을 했는데 100점 맞을 때까지 기다리지 마세요. 지금 바로 칭찬해주세요. 아이의 발달 나이를 기억하고, 어떤 목표나 결과로 가는 과정을 지켜보며 그때그때 아이의 노력을 칭찬해주세요.

다섯째, 칭찬은 꼭 말이나 물질적 보상으로 하지 않아도 됩니다. 아이가 좋아하는 장난감이나 특별 이벤트가 아니어도 됩니다. 가족이 모두 모여서 보드게임을 하거나 맛있는 디저트를 먹으며 영화를 같이 보는 것도 좋은 칭찬이자 추억이 됩니다. 물론 말로 칭찬해주는 것도 중요합니다. 말로 하지 않으면 모르는 법이니까요. 하지만 말로 하는 칭찬을 더욱 효과적으로 전달하기 위해서는 아이를 바라보며 따뜻한 미소를 지어주는 것, 엄지척 또는 하이파이브를 하는 것, 꼭 안아주는 것과 같은 비언어적 칭찬도 꼭 챙겨주길 바랍니다. 그 어떤 칭찬도 사랑의 말과 눈빛, 스킨십을 더해야 더욱 강력한 힘을 발휘합니다.

현명한 부모의
보상 시스템

앞서 아이의 자존감을 키워주기 위해 칭찬하는 법을 살펴보았는데요. 이쯤 되면 이런 생각이 드는 부모님도 있을 거예요. '칭찬한번 하기 참 힘들다!' 그렇습니다. 그냥 잘했다고 하면 될 것 같은데, 칭찬을 제대로 하기란 생각보다 어렵습니다. 그래서 칭찬을 더욱 효과적으로 하는 방법을 하나 더 알려드리겠습니다. 앞에서도 언급했지만 보상을 활용하는 방법이에요.

미국 학교에서는 여러 형태의 보상 시스템을 활용하는 경우가 많습니다. 보상을 많이 하면 아이들이 보상에 의존하지 않을까

염려하는 부모들도 있는데요. '○○ 하면 ○○ 줄게'라는 즉흥적인
보상이 아니라, 원칙을 정하고 보상 계획을 잘 세워 일관성 있게
지속적으로 활용한다면 효과를 톡톡히 볼 수 있습니다.

　지금까지 이야기한 내용을 바탕으로 '보상 십계명'을 정리해
보았습니다. 잘 기억해두고 보상 시스템을 현명하게 활용하는 데
도움이 되기를 바랍니다.

보상 십계명

1. 보상 계획은 미리 세우고 일관성 있게 적용한다.
2. 보상의 이유를 구체적으로 분명하게 알려준다.
3. 보상 계획을 세울 때는 아이도 참여시킨다.
4. 보상 기준과 시간은 아이의 발달 나이에 맞게 정한다.
5. 보상은 어릴수록 즉각적으로 이루어져야 한다.
6. 보상의 약속을 (말을 바꾸지 말고) 꼭 지킨다.
7. 보상의 종류는 아이가 좋아하는 것으로 창의적으로 정
　　한다. (ex. 그림 그리기, 자유시간 주기 등)
8. 보상은 꼭 물질적인 것이 아니어도 괜찮다.
　　(ex. 특별 이벤트 등)

9. 보상으로 아이가 얻은 것을 빼앗아서는 안 된다.

  (ex. 칭찬 스티커 반납하기)

10. 어떤 보상이든 사랑의 말과 눈빛, 스킨십으로 전해야

  강력한 힘을 발휘한다.

보상의 종류와 활용법

① 칭찬 스티커

다양한 종류로 나오는 스티커는 아이들의 관심에 맞추어 쉽게 골라 살 수 있어서 편하게 도입할 수 있습니다. 스티커를 받는 것 자체를 보상으로 쓸 수 있고, 10개를 모으면 주말에 식구들과 자전거 타기와 같이 변형하여 사용할 수 있습니다.

② 보상 차트

차트를 사용하면 어떤 것을 해야 하는지 목표를 명확히 알 수 있고, 목표까지 도달해가는 나의 진행 정도까지 확인할 수 있어서 효과적입니다. 새로운 루틴을 만든다든지, 새로운 스킬을 배우는 데 있어서 보상 차트를 사용하면 좋은 습관 형성에 도움이 됩니다.

보상 차트의 예					
목표	월	화	수	목	금
스크린 타임 30분 지키기					
사용한 물건 제자리에 정리하기					
반찬 골고루 먹어보기					

③ 토큰 시스템

하루, 또는 일주일 기간을 정해놓고 타깃 행동에 대한 보상으로 토큰을 얻고, 토큰을 모아서 더 큰 보상을 받을 수 있는 시스템입니다. 토큰 대신 실제 돈을 사용할 수도 있는데요, 100원이 모여 1000원이 되고, 1000원으로 더 큰 것을 살 수 있는, 수학 개념 및 경제 개념도 심어줄 수 있어 좋습니다.

④ 퍼즐식 보상 시스템

보상 차트를 창의적으로 바꾼 형태입니다. 밋밋한 보상 차트를 지속하여 쓰게 되면 아이는 흥미를 잃을 수 있습니다. 아이가 좋아할 만한 이미지를 퍼즐 형태로 잘라서 조각을 모으게 하여 이미지를 완성하거나(궁금증 자극), 좋아하는 그림 인형의 옷을 하나씩 획득하여 입히는 식으로 아이의 흥미를 이어갈 수 있습니다.

퍼즐식 보상 시스템의 예

⑤ 특별 이벤트

놀이공원, 캠핑, 영화 관람 등 아이와 새로운 장소를 찾아가 다양한 경험을 하는 것도 아이들에겐 큰 동기를 가져다줍니다. 그런데 특별 이벤트는 일상에서 자주 도입하기는 어렵겠죠. 앞서 이야기한 보상 차트나 토큰 시스템의 마지막 보상으로 쓰는 것도 좋은 방법입니다.

⑥ 스크린 타임

요즘 아이들에게 태블릿, 핸드폰, TV 등의 스크린 타임을 아예 없앤다는 것은 불가능합니다. 학교 수업에서도, 친구들과의 관계에서도 미디어 활용을 배제할 수는 없죠. 아이가 평소에 스크린 타임을 이미 많이 갖고 있다면, 차라리 보상으로 사용 시간을 조절하는 것도 방법입니다. 특별 이벤트처럼, 먼저 ①~④번의 방법으로 시작하여 마지막 보상으로 활용해볼 수 있겠습니다.

⑦ 음식

아이가 좋아하는 음식을 해주거나 요리하는 데 아이도 참여할 수 있게 해주면 아이들이 좋아합니다. 때로는 아이가 고른 음식점에 가서 외식하는 것도 아이에게는 충분한 보상이 됩니다. 스스로 고른 식당에서 자신이 좋아하는 메뉴를 시켜보는 것도 아이에게는 큰 보상이 되겠죠. (설마 단것은 안 된다고 하는 건 아니겠죠? 보상으로 온 것임을 기억하길 바랍니다. 한 번 먹는다고 큰일 나지 않습니다.)

⑧ 자유시간

요즘 아이들은 어른들보다 바쁜 스케줄에 맞춰 살아가는 경우가 많습니다. 아이 스스로 하고 싶은 것을 찾아서 마음대로 할 수 있는 시간과 공간을 주는 것도 중요합니다. 미리 어떤 것이 하고 싶은지 대화를 통해 계획을 하고 시작하세요. 혹시라도 부모가 허용할 수 있는 범위를 넘어서서 갑자기 제지한다면 진정한 자유시간이 될 수 없을 테니까요.

⑨ 친구와의 만남

학교, 학원 이외에 친구를 만나 신나게 놀 수 있는 시간을 준다면 어떤 아이가 싫어할까요? 아이 친구 부모와 미리 기획해서 친구와의 만남을 보상으로 활용해볼 수 있겠습니다.

⑩ 가족과 게임

물질적인 보상 이외에 아이와 소통할 수 있는 보상은 유익합니다. 아이와 관계도 향상되고, 추억까지 선물해주는 귀중한 시간으로 보상을 활용해보세요. 게임을 하면 수학적, 인지적, 사회적 기술까지 챙길 수 있으니 일거다득입니다.

스스로 해볼
기회를 주자

아이의 존재 자체를 무조건적으로 사랑해주는 것, 칭찬을 통해 자신이 사랑받고 인정받는 존재임을 느끼게 해주는 것, 이것이 아이의 자존감을 키워주는 방법이라고 앞서 이야기했습니다. 여기에 마지막 한 가지 중요한 요소를 더하자면 자율성입니다. 자존감은 아이 스스로 뭔가를 주도하고 결정하고 이루어보는 경험을 바탕으로 형성됩니다.

자율은 한자어로 '스스로 자(自)'에 '다스릴 율(律)'로 자신을 다스린다는 뜻입니다. 즉 자신을 통제하는 능력이라고 할 수 있습니다. 그러므로 아이의 자율성이란 아이 스스로 무엇을 어떻게 할 것인지 결정하고, 주도하는 과정 안에서 자신을 '조절'하고, 그 결과에 대한 책임을 지는 것까지를 말합니다. 주도와 조절이 빠진 채 스스로 하는 것을 자율성이라고 볼 수는 없습니다.

간혹 자율성을 키운다는 명목으로 통제 없이 방치하는 경우도 있는데, 방목하는 게 아니라 부모가 옆에서 지켜보며 필요한 통제는 해줘야 합니다.

그럼 자율성은 어떻게 키워줄 수 있을까요? 일상에서 아이 스스로 뭔가를 할 수 있는 기회를 줘야 합니다. 스스로 결정하고 이행하면서, 그에 따른 결과도 책임져 보도록 허락해주는 것입니다. 이런 경험을 통해 아이는 성취감과 자신감을 얻고, 자신감은 곧 자존감으로 이어져 회복탄력성의 자원이 됩니다.

먼저 우리 아이의 자율성은 어느 정도인지 진단해보세요.

연령별 자율성 체크리스트

연령	일상 활동	확인
6~12개월	젖병이나 컵 스스로 잡기	
	유아용 컵으로 마시기	

6~12개월	손으로 집어서 먹기	
	숟가락 잡기	
1~2세	컵을 들고 물 마시기 (살짝 흘림과 함께)	
	숟가락으로 밥 먹기	
	양치질 시도하기	
	양말이나 신발 스스로 벗기	
	옷을 입고 벗을 때 협조하기 (팔이나 발을 뻗어준다든지)	
	기저귀 젖은 것 알려주기	
2~3세	혼자 손 씻기	
	장난감 바구니에 넣기	
	쓰레기는 쓰레기 통에 버리기	
	양치하기 (마무리는 양육자가)	
	변기 사용하기 (배변 훈련)	
	화장실 가고 싶은 욕구 표현하기	
	큰 단추 풀기, 지퍼 내리기	
	냅킨으로 입, 손 닦기	
	스스로 숟가락, 포크 사용하여 먹기	
	양말, 신발, 옷 스스로 벗기	

4~5세	화장실 스스로 사용하기	
	옷 스스로 입기	
	화초에 물 주기	
	흘린 물 닦기	
	동물 사료 주기	
	장난감 구분하여 정리하기	
	간식 통 열고 닫기	
	어려움 없이 스스로 먹기	
6~7세	단추 채우기	
	지퍼 올리기	
	빨래 개기	
	잡초 뽑기	
	상차림 거들기(수저 놓기)	
	빗자루로 청소하기	
	신발 끈 묶기	
	샤워하기	
	양치하기	

• 이중 절반도 해당하지 않는다면 다시 한번 육아 방식을 점검해보고, 이 리스트를 참고해서 아이 스스로 할 수 있는 기회를 늘려나가기 바랍니다. 아이가 아직 못하는 것을 하나씩 해보면서 스스로 해나갈 수 있도록 말이죠.

아이의 자율성을 가로막는 부모의 행동 체크리스트

	부모의 행동	확인
1	과보호하는 편이다.	
2	아이에게 선택권을 잘 주지 않는 편이다.	
3	계속 지시사항을 주게 된다.	
4	아이의 방을 대신 치워준다.	
5	아이를 대신해서 먹여주고 입혀주는 일이 많다.	
6	물어보지 않고 필요한 것을 알아서 척척 해주는 편이다.	
7	아이가 눈앞에 안 보이면 걱정부터 한다.	
8	아이가 어려워하는 일에 해결책을 바로바로 제시해준다.	
9	아이가 만들기 활동을 할 때 도와주어 완성도를 높인다.	
10	놀이나 독서 등 아이 혼자만의 시간을 거의 주지 않는다.	

• 3~7세의 미취학 아동을 둔 부모를 위한 체크리스트입니다. 몇 개나 해당하나요? 해당하는 항목이 있다면 이를 개선하기 위해 노력해봅시다. 이렇게 체크해보면서 부모 자신을 객관적으로 바라볼 수 있습니다.

자율성은 믿음에서 싹튼다

자율성 기르기의 첫 번째 핵심은 믿음입니다. 아이를 믿고 스스로 하는 경험을 허락해주세요. 아이들은 2세만 지나도 "내가,

내가…" 하며 스스로 해보려고 하고, 3세가 되면 자아 개념이 발달하며 여러 가지 도전을 해보려고 합니다. 이런 시기에 부모가 아이가 경험할 일들을 대신해준다면, 스스로 하려는 의지가 꺾이고, 의존적인 아이가 될 수 있습니다.

식사 시간에 밥은 흘리고 반만 입에 들어가는 아이를 보면, 대신 먹여주는 것이 사실 부모에게는 더 편하죠. 아이가 흘린 우유를 스스로 닦게 두면 일이 더 커지는 경우도 허다하니까요. 매사에 부모가 대신해주는 것이 더 편리하고 시간을 번다고 생각할 수 있지만, 아이는 배우고 자율성을 키울 기회를 잃어버리는 것입니다.

아이가 먼저 시도하도록 허락해주고, 하다가 안 돼서 도움을 청할 때 도와줘도 늦지 않습니다. 그리고 어떤 사항을 결정할 때 가급적 아이의 생각을 물어보고 결정에 반영하길 바랍니다. 아이가 어리다는 이유로, 걱정되어서, 혹은 안 물어봐도 다 안다고 생각해서 부모 마음대로 결정하는 경우가 많습니다.

아이가 어려도 자신만의 생각이 있다는 것을 기억하고, 아이의 의견을 물어봐 주고 선택의 기회를 주세요. 아이는 자신이 존중받는다고 느끼고 자신이 선택했으므로 그에 따른 결과도 더 쉽게 수용하고 책임지게 됩니다.

예를 들어, 유치원이나 학원에서 내준 숙제가 있다면 아이에게 선택권을 줄 수 있습니다. 놀고 나서 숙제를 하든지, 숙제를 먼저 하고 놀든지를 말이죠. 아이가 논 다음에 숙제하는 것을 선택했는데, 오랫동안 놀아서 숙제를 못 했다면 그대로 두세요. 그 뒤에 따라오는 책임도 질 수 있도록 말이죠. 숙제를 안 해 가서 선생님한테 혼이 날 것이고, 그때 아이의 기분에 대해 이야기해볼 수 있고, 또 같은 잘못을 하지 않으려면 다음에는 어떻게 해야 할지 계획도 이야기해볼 수 있습니다.

이렇게 자신의 선택으로 빚어진 결과 또한 본인이 다 책임지고 느끼는 경험을 해야 합니다. 그래야 좌절도 해보고 문제 해결도 해보며 자신을 통제하는 진정한 자율성을 배우게 됩니다.

자율성을 가진 아이들이 더 높은 능력을 발휘한다

심리학자 웬디 그롤닉은 2가지 양육 스타일과 아이들의 동기에 관해 연구를 진행했습니다. 먼저 엄마와 아이가 노는 것을 3분 동안 관찰하고, 2가지 그룹으로 분류했습니다. 아이에게 자율성을 주는 양육 스타일을 A그룹, 아이에게 도움을 주거나 지시하며 통제하는 양육 스타일을 B그룹으로 분류했지요.

그런 다음 아이들만 실험실 안에 들어가 과제를 풀어보도록 했습니다. 그 결과 A그룹의 아이들은 어려운 과제도 스스로 해결해보려고 노력하고 끝까지 과제를 수행한 반면, B그룹의 아이들은 과제를 스스로 해결하지 못하고 좌절하거나 포기하는 경우가 많았습니다.

나아가 B그룹의 아이들은 부모에게 의존해 지속적인 도움을 필요로 했고, A그룹의 아이들은 집중하며 상대적으로 즐겁게 과제에 임하는 것을 볼 수 있었습니다. 이렇듯 아이들 의견을 경청하고 수용해 일상에서 꾸준히 스스로 해볼 수 있는 환경을 조성해준다면, 아이들은 이러한 과정에서 자신이 존중받는다고 느껴 자존감, 책임감, 근면함과 성실함까지 얻을 수 있게 됩니다.

'잘' 실패하는 방법을
가르치자

실패 없이 모든 일이 바라던 대로 이루어지지 않는다는 것은 자명한 사실입니다. 그런데도 부모는 아이가 실패하는 것을 어쩌면 아이보다 더 두려워하는지도 모르겠습니다. 아이가 행복하기를 바라는 부모의 마음은 다 같을 테니까요.

그러나 정말 아이가 행복한 삶을 일구며 살아가길 바란다면, 부모의 울타리 안에서 크고 작은 다양한 실패들을 겪어보며 헤쳐 나오는 기술을 가르쳐야 합니다. 물고기를 잡아주지 말고 낚시하는 법을 가르치라는 말도 있듯이 말이에요.

아이의 실패는 오히려 선물과도 같은 것입니다. 실패를 통해, 좌절 같은 감정들을 다스리는 법을 배우고, 그로 인한 문제들을 해결하면서 다시 일어서는 법을 배우고, 그러면서 자존감 또한 자라나는 것이죠.

인생에서 실패를 따로 떼어서 생각할 수 없습니다. 실패를 피해서 살 수 없는 것이 인생이죠. 그러니 실패 잘하는 법을 가르쳐야 하는 것입니다. 물론 실패하는 법을 가르친다는 것이 쉽지는 않습니다. 본능적으로 아이가 어려움을 겪고 있으면 옆에서 잡아주기 마련입니다. 하지만 너무 바짝 붙어서 넘어지기도 전에 계속 잡아준다면, 아이는 안전하게 넘어지는 법을 배우지 못합니다. 또 넘어졌을 때 다시 일어서는 법을 모르겠죠. 특히 완벽주의 성향이 있거나 실수를 극도로 두려워하는 아이의 경우 더욱더 잘 실패하는 연습이 필요합니다.

실패의 긍정적인 의미 알려주기

대부분 아이들은 실패를 두려워합니다. 아니, 우리 어른들도 실패를 두려워하죠. 사실 우리 모두는 성공을 원하니까요. 성공 못 하면 실패. 이러한 이분법적 사고가 실패를 더 받아들이기 어렵게 만듭니다. 그런데 실패를 긍정의 의미로 재해석해보는 것은 어떨까요? 실패를 배우기 위해 거치는 중요한 과정이라고 인식하면 그렇게 두렵지만은 않을 것 같습니다.

실패를 영어로 FAIL이라고 하죠. 하지만 저는 이 말을 이렇게 풀어볼게요.

First Attempt In Learning.
배우기 위한 첫 시도였을 뿐이다.

어떤가요? 이렇게 생각해보면 실패는 끝이 아닙니다. 성공으로 가는 첫 계단에 발을 들인 것과 같다고 볼 수 있어요. 아이도, 부모도 이렇게 실패에 대한 부정적인 생각을 떨쳐버리고, 실패의 새로운 뜻, 긍정의 의미를 마음속에 다시 새기고 바라보면 좋겠습니다.

실패의 순간을 아이만의 유머 리추얼(의식)로 넘겨볼 수도 있습니다. 저희 아이는 실수를 하면 영어로 "웁스!" 하고 외친 후 온몸을 흐느적거리며 몇 초간 춤을 춥니다. 실수했을 때 유머로 넘길 수 있는 자기만의 리추얼을 만들어보는 거죠.

한글학교에서 교사로 일하던 시절, 한 아이는 실수를 할 때 자기 이마를 툭 치며 "맙소사"라고 말하곤 했습니다. 그 행동이 재미있었는지, 주위에 앉아 있던 몇몇 친구가 그 말과 행동을 따라 하더라고요. 그러고 나면 다 같이 웃어넘길 수 있었습니다.

이렇게 실패의 상황으로부터 기분을 전환하는 자신만의 의식을 통해 웃으면서 실패나 실수를 좀 더 쉽게 지나갈 수 있습니다. 아이들은 이런 경험을 통해 실패는 언제든 일어날 수 있는 것으로 인식하고, 실패로 인한 나쁜 감정에 길게 휘둘리지 않게 됩니다. 비록 지금은 힘들지만 이 또한 지나간다는 것을 배울 수 있습니다.

실패는 누구나 한다는 사실 알려주기

부모가 유능한 경우, 언니나 오빠가 뛰어난 경우, 아이들은 실패에 대한 두려움이 더 크다고 합니다. 그리고 아이들은 엄마, 아빠, 선생님 같은 어른들은 실수를 하지 않는다고 생각합니다. 아이가 실패를 자연스럽게 받아들이길 바란다면 먼저 부모의 실패 경험을 이야기해주세요. 실패가 크고 힘든 것이 아닌, 일상에서도 가볍게 누구나 할 수 있는 것임을 알려주는 거죠.

"오늘은 전이 예쁘게 안 부쳐졌네. 뒤집다가 찢어져서 못생긴 전이 되어버렸어. 그래도 맛은 괜찮지? 다음번엔 조금 더 예쁘게 되도록 노력해봐야겠다."

이런 식으로 말이죠. 엄마도 실패한다, 괜찮다, 누구라도 실패는 하기 마련이라는 것을 이해시켜주어야 합니다. 실패를 하면 큰일 난 것처럼 말하거나 반응하는 분위기에서 자란 아이들은 실패에 대해 더 큰 공포가 있기 마련입니다.

일주일에 하루를 실패에 관해 이야기하는 날로 정해놓고 연습해보는 것도 좋습니다. 이번 주의 실수나 실패, 좌절했던 순간에 대해 이야기해보고, 어떻게 헤쳐나왔는지, 그 안에서 무엇을 배웠는지 이야기하는 시간을 갖는 것이죠.

사실 실패의 경험은 대학 입시나 취업할 때 자기소개서나 면접에서도 빠지지 않고 물어보는 질문입니다. 실패했다는 사실보다 실패를 어떻게 극복했는지가 그 사람의 태도나 능력을 보여주는 것이라고 생각하기 때문이죠.

그리고 다시 도전해보는 용기를 칭찬해주는 것도 좋습니다. 이야기와 함께 도미노나 성을 공들여 쌓고 한순간 무너뜨려 보는 것도 좋고요. 실패를 딛고 성공한 사람들에 대한 이야기를 인터넷에서 아이와 함께 찾아보는 활동을 해볼 수도 있습니다.

실패했을 때의 감정을 받아들일 시간 허락하기

아이가 실패했을 때 찾아오는 불안, 초조, 절망, 절규 등의 감정을 느끼고 받아들일 시간을 허락해주어야 합니다. 아이가 감정을 느껴보는 경험을 해봐야, 그 감정을 어떻게 조절해나갈지 배울 수 있습니다. 간혹 감정을 부정하거나 회피하는 아이도 있고, 그 감정에 너무 빠져서 앞으로 나아가지 못하는 아이도 있습니다.

먼저 실패에 따른 감정을 인식하고, 그 상황에서 빠져나올 수 있을 정도로 감정의 크기를 조절한 다음(이에 대해서는 6장에서 설명하겠습니다) 왜 생각대로 흘러가지 않았는지, 왜 원하던 결과를 얻지 못했는지 생각해볼 수 있습니다. 더 나아가 다음에는 어떤 다른 방법으로 해볼 수 있을지 생각해보면서 그 과정 안에서 배워 갑니다. 그리고 자신의 선택에 대한 장단점을 생각해보고, 자신의 행동에 대한 책임에 대해서도 생각해봅니다. 이것은 곧 자존감 향상으로 이어집니다. 내가 한 행동의 결과까지 생각해봄으로써 자기주도능력이 향상되고, 이것이 자존감을 키워주기 때문입니다.

그런데 유독 실패를 받아들이지 못하는 아이들이 있습니다. 승부욕이 강하거나 완벽주의 성향인 경우 그렇죠. 실수에 대하여 겸허한 태도를 가질 수 있도록, 인정하고 받아들이는 담대하고 유연한 태도를 가르쳐야 합니다. 물론 이는 금방 되는 것은 아니고 수많은 연습과 경험을 통해 기를 수 있습니다.

6장

몸, 생각, 마음을 다루는
자기조절능력 키우기

어린아이들은 무언가 갖고 싶을 때, 또는 원하는 것을 갖지 못했을 때 울거나 떼를 쓰고 심지어 폭력적인 행동을 보이기도 합니다. 그러면 부모도 화를 못 다스려 더 큰 사달을 만들기도 하죠. 이런 상황에서 가장 필요한 능력이 바로 자기 조절입니다.

자기조절능력은 전 생애에 걸쳐 매우 중요하게 쓰이는 기술입니다. 모든 일상과 연결되기 때문이죠. 줄을 서서 기다리는 것, 사고 싶은 것을 자제하는 것, 좀 더 건강한 음식을 선택해서 먹는 것, 격한 감정에서 벗어나는 것 등 우리는 다양한 상황을 만나게 되고, 그에 따라 행동, 생각, 감정에 영향을 받습니다. 이때 찾아오는 유혹이나 갈등, 충동들을 잘 조절할 수 있어야 원하는 것을 이루고 성공적인 삶으로 나아갈 수 있지요.

하지만 이런 조절력은 단시간에 키울 수 있는 능력이 아닙니다. 특히 아이들은 삶의 경험치가 적기 때문에 더욱 자신의 행동, 생각, 감정을 조절하기 어렵지요. 하지만 신체, 인지, 언어, 사회정서, 자조 능력 등이 차츰 발달하고, 여러 환경에서 다양한 경험을 쌓아나가다 보면 자기 조절에도 어느덧 능숙해지게 됩니다. 이렇게 장기간에 걸쳐 꾸준히 반복하고 연습하면서 키워가야 하는 것이지요.

자기조절능력은 이성적인 사고를 통해 자신의 감정이나 행동을 조절하여 이상적인 결정을 하거나 목표를 달성하게 해줍니다.

이런 능력이 부족하면 아이가 순간의 만족감만을 좇게 되고, 충동적인 생각이나 감정에 휩싸여 현명하지 못한 선택을 하게 됩니다. 바람직하지 않은 행동을 반복하며 스스로를 망가뜨리는 것은 물론이고, 타인에게까지 피해를 주는 상황에 이를 수도 있겠지요.

이렇듯 자기조절능력은 앞서 이야기한 감사나 자존감과 함께, 다시 일어나게 하는 힘, 회복탄력성의 주요 자원 중 하나입니다. 이번 장에서는 아이들이 스스로를 조절하는 능력을 어떻게 키워 나갈 수 있는지 알아보겠습니다.

다양한 상황에 어떻게 대처할 것인가?

　앞서 감사를 통해 긍정성을 키우고 자신을 믿음으로써 자존감을 키우는 방법을 알아봤습니다. 이번에는 자기 자신을 조절하는 방법에 대해 알아보려고 합니다.

　매일 우리 앞에는 다양한 상황이 주어지고 그 상황에 대응하며 지내야 합니다. 아이들도 마찬가지죠. 특히 어렵고 도전적인 상황에서 아이는 평정심을 잃고 충동적으로 행동하기 쉬운데, 이때 자신의 행동, 생각, 감정을 다스릴 줄 알아야 실패나 역경을 더 쉽게 극복할 수 있습니다.

이런 자기 조절은 회복탄력성의 기본이 됩니다. 자기 조절은 여러 가지 상황에 맞게 자신의 몸과 생각, 그리고 마음까지 적절하게 조절할 수 있는 능력을 말합니다.

자기조절능력 발달 과정

감정 조절

인지 조절

신체 조절

조금 더 자세히 들어가서, 아이들에게 자기조절능력이란 무엇을 의미할까요?

먼저 신체 조절이 잘 안 되는 아이들은 도서관과 같은 정숙해야 하는 공간에서 목소리 크기를 낮추지 못하고 밖에서 이야기하듯 크게 말한다든지, 순서를 지키기 위해 줄을 설 때 몸을 가만히 두지 못하고 계속 움직이기도 합니다.

인지 조절이 잘 안 되는 경우도 있어요. 예를 들어 글씨를 반듯하게 쓰고 싶은데 뜻대로 안 될 때 '나는 바보구나' '나는 잘하는 게 아무것도 없어'라는 생각에 쉽게 휘둘리는 거죠. 반대로 이가 많이 썩었으니 사탕이나 초콜릿은 그만 먹어야 한다는 것을 인지하고, 대신 후식으로 과일을 먹는 것이 인지 조절이 잘 되는 경우라 하겠습니다.

감정 조절이 잘 안 되는 예를 들어보자면, 친구가 "너 이제 내 친구 아니야"라고 했을 때, 슬픈 감정을 주체하지 못하고 무너지는 경우입니다. 이렇듯 아직 미성숙한 아이들은 자신의 몸, 생각, 마음을 조절하는 것이 쉬운 일은 아닙니다.

어느 정도의 자기조절능력은 갓난아기도 갖고 있습니다. 배가 고프거나 불편할 때 울다가도 자신의 손을 빨며 진정하는 것은 본능적으로 감정을 컨트롤하는 것이죠. 그러나 고도의 자기조절능력은 장기간에 걸쳐 연습하면서 발달시킬 수 있습니다. 자기조절능력은 처음으로 어린이집이나 유치원에 가는 4~7세에 급격히 발달하기 때문에, 이 시기에 충분한 경험과 훈련을 하면 10대, 20대가 되어서도 꾸준히 발전해서 더 건강하고 행복한 어른이 될 수 있습니다. 따라서 어린 시절부터 자기조절능력을 발달시켜주면 사춘기를 지나 성인이 되어서도 이 능력을 쉽게 꺼내 쓸 수 있겠죠.

아이의 인생에 아주 유용한 도구가 되는 자기조절능력을 잘 발달시키려면 어디서부터 시작해야 할까요?

신체 조절:
몸, 호흡, 목소리 조절하기

아이의 자기조절능력을 키우기 위해서는 눈에 보이지 않는 생각이나 감정에 앞서서 몸을 컨트롤하는 것부터 시작하는 것이 효과적입니다. 자신의 몸을 상황이나 장소에 맞게 컨트롤할 수 있어야 차분한 몸으로 생각할 수 있습니다. 생각을 컨트롤할 수 있어야 감정까지 컨트롤할 수 있고요.

신체 조절의 첫 단계는 아이가 자신의 몸을 조절할 수 있다는 것을 인식하게 하는 것입니다. 즉 때와 장소, 상황에 적절하게 어울리는 행동을 이끌어내는 것입니다. 아이의 신체 조절은 몸 전체를 조절하는 법, 호흡을 조절하는 법, 목소리를 조절하는 법, 이렇게 3가지로 나눠서 연습해볼 수 있습니다.

몸 전체를 조절하는 법

'자기 몸 조절하는 것이 뭐가 어려울까' 하는 의구심이 생길지도 모르겠습니다. 어른들은 이미 몇십 년간 몸을 쓰며 살아왔기에 무의식적으로 신체 조절이 되는 데 반해 아이들은 아직 대근육이 발달하는 과정이라서 자신의 생각과 다르게 몸이 움직이는 경우가 많습니다. 그래서 팔다리를 정교하게 움직이거나 몸의 균형을 잡는 것, 뛰다가 갑자기 방향을 바꾸거나 멈추는 등 몸을 조절하는 연습이 필요하지요. 일부 아이들은 자신의 신체 조절 능력에 대해서 잘 몰라서 지나치게 느리게 혹은 빠르게 움직이다가 사고가 나는 경우도 있습니다.

① '그대로 멈춰라' 놀이

음악을 틀어놓고 "즐겁게 춤을 추다가 그대로 멈춰라"라고 노래하면서 멈추는 게임이 있죠. 미국에도 같은 놀이가 있습니다. 미국 프리스쿨에서는 신체 발달을 위해 이 놀이를 합니다. 이때 아이들은 부동자세로 균형을 유지하게 되는데요, 이것은 책상에 앉는 바른 자세를 형성하도록 도와줄 뿐만 아니라, 계단을 오르내릴 때도 필요한 기능이죠. 음악을 집중해서 들어야 하고, 음악이 멈추는 동시에 몸을 조절하는 능력을 키울 수 있습니다.

② '여우야, 여우야, 몇 시니?' 놀이

아이들이 "여우야, 여우야, 몇 시니?"하고 물으면 술래가 몇 시라고 답을 합니다. 만약 3시라고 하면 3걸음, 10시라고 하면 10걸음을 갑니다. 그러다가 아이들이 여우(술래) 근처까지 가면, 술래는 "점심시간이야" 하며 아이들을 잡으러 뛰어갑니다. 아이들은 술래의 지시 사항을 주의를 기울여 들어야 하고, 얻은 정보를 이해하여 몸을 정보에 맞추어 움직여야 합니다.

③ '무궁화꽃이 피었습니다' 놀이

이 놀이는 다들 잘 알고 있죠. 우리 어른들도 어렸을 때 해봤을 거예요. '여우야, 여우야, 몇 시니' 놀이처럼 노랫소리나 말소리가 전하는 정보를 뇌가 처리해서 지시 사항에 맞게 몸을 조절해야 하는 게임입니다.

④ 얼음 땡 놀이

술래에게 잡히지 않기 위해 뛰어다니다가 잡힐 것 같으면 "얼음"을 외치며 부동자세를 유지해야 합니다. 술래가 아닌 다른 친구들이 툭 치면 다시 움직일 수 있죠. 몸을 역동적으로 움직이다 순간 멈추기를 하며 몸을 조절해야 합니다.

위에서 소개한 4가지 몸 조절 놀이 이외에 아이의 몸 상태를 색과 매칭시켜 아이의 이해를 돕는 커리큘럼이 있습니다. 컨디션에 따라 3가지 색 구역으로 아이의 상태를 나눠보는 것인데요, 에너지가 과할 때는 레드존^{red zone}, 에너지가 너무 없을 때는 블루존^{blue zone}, 적당할 때는 그린존^{green zone}에 해당하는 것입니다.

화나거나 너무 신나서 흥분된 몸을 주체할 수 없다면 레드존. 너무 졸리고 피곤해서 바닥에 눕거나 벽에 기대고 있다면, 혹은 슬프고 우울해서 몸이 축 처지고 바른 자세로 앉아 있을 수가 없다면 블루존. 몸의 에너지가 적당량 차 있어서 바르게 앉아 있을 수 있고, 차분하게 걸어 다닐 수도 있다면 그린존.

이렇게 아이가 자신의 몸 상태를 색상별로 인지하게 해 가장 이상적인 그린존으로 올 수 있도록 하는 연습을 꾸준히 하다 보면 아이의 신체 조절 능력을 향상시킬 수 있습니다. 이 방법은 6장 맨 마지막에 다루게 될 '감정 구역 프로그램(※233쪽 참고)'과 같은 맥락입니다. 자세한 방법은 뒤에서 확인해보시기 바랍니다.

호흡을 조절하는 법

아이들이 슬프거나 화가 나거나 너무 흥분했을 때 호흡을 조절하는 법을 알면, 몸을 컨트롤하기가 더 쉬워집니다. 그리고 호흡에 집중하다 보면 그 감정이 누그러집니다. 어른들도 심호흡을 하면 감정 조절에 도움이 되는데, 아이들에게 심호흡을 재미있게 가르쳐주는 방법이 있습니다.

① 꽃향기 맡기(들숨)

손을 쫙 펴서 아이한테 보여주고 손가락 5개를 가리키며 꽃 다섯 송이라고 상상하자고 합니다. 개나리, 진달래, 장미 등 아이가 좋아하는 꽃 이름을 붙이고 꽃향기를 맡아보게끔 하는 활동입니다. 엄지를 코에 가까이 대고 숨을 깊게 들이마셔봅니다.

두 번째 손가락을 다시 한번 코에 대고 숨을 들이마시며 냄새를 맡는 흉내를 냅니다. 이렇게 다섯 번 숨을 들이마시는 것에 집중하도록 합니다. 아이들에게 크게 숨을 들이마시라고 말로 하는 것보다 꽃향기 맡기 활동으로 알려주면, 들숨에 더 집중할 수 있어 더 크고 깊게 들이마실 수 있습니다. 산소를 크게 들이마시면 심장 박동 수는 느려지고, 이는 우리의 생각, 몸과 마음을 느긋하게 만들어줍니다.

② 촛불 불기(날숨)

이번에는 날숨에 집중하는 방법인데, 똑같이 손가락을 쭉 펴고 생일 케이크라고 부릅니다. 아이에게 몇 살인가 물어보고, 4세면 4개의 손가락을 펍니다. 생일 케이크에 꽂혀 있는 촛불을 꺼보자고 합니다. 불을 끄면서  내뱉는 날숨에 집중하게 유도합니다. 촛불 불기도 꽃향기 맡기와 마찬가지로 아이에게 심호흡을 가르쳐주는 방법 중 하나로 날숨에 집중하게 하는 활동입니다.

이외에도 아이의 몸을 풍선처럼 부풀렸다가 내뱉기, 깃털 공중에 불어서 띄우기, 바람개비 돌리기 등 여러 가지 호흡법이 있습니다. 앞서 이야기한 모든 활동들은 호흡 조절을 배우는 데 효과적인 방법입니다. 심호흡하듯이 숨을 크고 깊게 들이마시면 산소가 뇌에 전해지면서 심신을 안정시키는 효과를 얻을 수 있습니다.

목소리를 조절하는 법

아이들이 필요 이상으로 큰 목소리로 이야기하는 경우를 많이 봅니다. 바로 옆에 앉아 있는데, 귀청 떨어져라 고래고래 소리를 지르며 이야기하죠. 또 반대로 너무 기어 들어가는 목소리로 이야기해서 이해하기 어려울 때도 많습니다. 목소리 또한 몸의 한 부분을 쓰는 것이지만 팔다리같이 눈으로 볼 수 없는 것이라, 목소리 조절하는 법을 가르칠 때는 눈으로 보이는 구체물을 사용하면 아이들이 이해하는 데 도움이 됩니다.

미국 학교에서 많이 쓰이는 것 중에 하나가 목소리 크기를 숫자로 정하여 구체화시킨 것인데, 숫자 0은 목소리가 없는 것, 숫자 1은 속삭임, 숫자 2는 실내용 목소리, 숫자 3은 야외용 목소리, 숫자 4는 크게 소리 지르기입니다. 그리고 숫자에 맞는 상황을 같이 설명해줍니다.

목소리 크기 0은 수업 중 선생님이 말씀하실 때처럼 목소리를 내지 않아야 하는 상황, 1은 도서관이나 극장 같은 공공시설에서 소곤거리며 이야기해야 하는 상황, 2는 교실 안이나 바로 옆에 있

목소리 크기를 숫자로 구체화하기	

	목소리 크기	상황
0	침묵	수업 중 선생님이 말씀하실 때
1	속삭임	도서관, 극장 등 공공시설
2	실내용 목소리	교실 안, 바로 옆의 친구와 이야기할 때
3	야외용 목소리	놀이터에서 놀 때, 교실에서 발표할 때
4	크게 소리 지르기	위험을 알릴 때, 위급한 상황

는 친구들과 대화할 때처럼 일상적인 상황에 해당하는 목소리라고 설명해줍니다. 3은 놀이터에서 놀 때, 혹은 교실 안에서도 발표할 때 써야 하는 큰 목소리, 마지막 4는 예를 들어 공을 찼는데, 그 공이 친구 얼굴 쪽으로 날아갈 때 위험을 알리기 위해 지르는 큰 소리라고 알려줍니다.

'목소리 버튼 차트'를 제작해 아이들이 상황에 따라 단추를 옮겨가며 자신의 목소리를 1~4의 크기로 조절하는 연습을 해보면 좋습니다. 다음의 그림처럼 아이들이 목소리 크기를 눈으로 확인할 수 있도록 종이 위에 그림이나 숫자로 표시한 후 단추를 실에 꿰어 실의 양 끝을 종이 위에 붙입니다. 상황에 알맞은 목소리 크기가 무엇인지 생각해보고 해당하는 위치로 단추를 옮겨보게 합니다. 아이들이 목소리라는 보이지 않는 개념을 구체화하여 볼 수 있어 재미있고 좀 더 명확하게 목소리를 조절하는 법을 배울 수 있습니다.

목소리 버튼 차트

인지 조절 :
상황을 인지하고 해결책 생각하기

몸 조절하는 법을 가르친 이후에는 생각을 조절하는 '인지 조절'을 가르쳐주는 것이 다음 순서입니다. 인지 조절이란, 아이가 직면한 상황을 올바르게 인식하고, 인지한 정보를 바탕으로 이에 적절한 계획을 세워 실행하는 능력입니다. 이것은 인지하는 과정을 인식하는 메타인지와 같은 맥락입니다.

다시 말해, 다음의 4가지 과정 전체를 말합니다.

첫째, 아이가 자신에게 내재되어 있는 정보들 사이에서 중요하고 필요한 정보를 꺼내서 모은다.

둘째, 필요 없거나 방해가 되는 요소들은 배제한다.

셋째, 모은 정보를 이해한다.

넷째, 자신이 모은 정보들을 바탕으로 어떻게 반응할지 결정한다.

아이가 이처럼 생각을 컨트롤할 수 있게 되면 자신의 생각을 좀 더 명확히 타인에게 표현할 수 있게 되고 신체 조절뿐만 아니라 감정 조절 능력까지 향상됩니다.

아이가 어떤 것을 보고 무엇을 할 것인가까지 연결하는 연습을 해야 합니다. 예를 들자면 뮤지엄 안에서 사람들이 조용히 걸어 다니는 것을 보면 이 장소는 크게 말하지 않고, 뛰지 않는 장소라는 것을 인식하고, 인식한 것에 따라서 자신도 조용히 걸어 다니며 관람을 하는 것입니다.

이런 일들이 어른에게는 너무 당연해서 연습이 따로 필요하지 않지만, 아직 많은 경험을 하지 못한 아이들은 자신들이 속한 환경을 인식하고 정보를 얻기까지 부모의 도움이 필요합니다. 그렇게 얻은 정보를 행동으로 이어가기 위해서는 연습도 필요합니다.

다양한 상황과 장소에서 생각을 컨트롤해서 적절하게 행동하도록 연습하는 방법이 있습니다. 미국정신과협회에서 제시한 5단계 방법으로 각 단계의 첫 글자를 따서 'IDEAL(아이디얼) 요법'이라고 부릅니다. 말 그대로 '이상적인' 방법인 것이죠.

생각을 조절하는 IDEAL 요법

문제점 찾기	Identify
문제 해결 방법 생각하기	Determine
생각해낸 방법 점검하기	Evaluate
가장 좋은 방법 실행하기	Act
경험에서 배우기	Learn

일상의 사례를 통해 IDEAL 요법에 대해 좀 더 자세히 설명해 보겠습니다.

유치원에서 돌아온 도은이는 집에 오는 길에 친구에 대한 불만을 막 쏟아냅니다.

"엄마, 나 다시는 세현이랑 같이 안 놀 거야. 이제 내 베프 아니야. 플레이도 가지고 노는 것도 짜증 나. 아, 그냥 내일 유치원도 안 갈래."

Identify: 문제점 찾기

제일 먼저 아이에게 닥친 상황 안에서 문제가 무엇인지 알아봐야 합니다. 인지 조절의 1단계는 문제점을 인식하는 것에서부터 출발합니다.

엄마: 우리 도은이 정말 화가 많이 났구나. 유치원에서 기분 안 좋은 일이 많았어?

도은: 응. 정말 화나. 세현이는 욕심쟁이야. 제 맘대로 플레이도를 다 섞어버리더니 괴물이래. 색깔도 완전 똥색 됐어.

엄마: 네가 좋아하는 색깔 플레이도를 세현이가 다 섞어서 다른 색으로 만들어버린 바람에, 네가 만들고 싶었던 것을 못 만들었구나? 그래서 지금은 세현이랑 같이 놀고 싶지 않은 거구나?

위의 대화에서 보면 도은이는 친구 세현이 때문에 화가 나고, 평소 좋아하던 플레이도도 짜증이 난다고 하더니 학교를 가지 않겠다고 했습니다. 도은이의 엄마는 '도은이 화가 많이 났구나(감정 인식)'라고 그 상황에서 아이의 감정을 알아주고, 상황을 다시 되짚어보며, 서로 추구하는 놀이 방식이 달라서 '지금은 같이 놀고 싶지 않구나(문제 인식)' 하고 진짜 문제를 찾도록 도와주었죠.

Determine: 문제 해결 방법 생각하기

무엇이 문제였는지 찾았으면, 해결 방안을 모색해보는 것이 2단계입니다. 이 단계에서는 한 가지 방법만 고찰해보는 것이 아니라, 여러 가지 가능성을 열어두고 해결이 될 만한 다양한 방법을 브레인스토밍해보는 것이 중요합니다. 스스로 해결책을 제시하지 못할 때는 다른 시각으로 문제를 볼 수 있는 힌트를 살짝 주면 좋습니다.

엄마: 그래서 넌 어떻게 했으면 좋겠어?

도은: 유치원 안 갈래. (방법1)

엄마: 다른 방법은 없을까?

도은: 세현이랑 이젠 안 놀 꺼야. 다른 친구랑 놀면 돼. (방법2)

엄마: 그럴 수도 있겠네. 다른 친구를 찾아볼 수도 있지. 다른 방법은 또 없을까?

도은: 글쎄. 잘 모르겠어.

엄마: 세현이한테 네가 플레이도 색 다 섞는 거 안 좋아한다고 말은 했어? (방법3)

도은: 아니. 안 했어. 그냥 말하기 싫어.

엄마: 아. 말을 안 했구나. 음… 다른 방법은 또 없을까?

도은: 그냥 선생님한테 플레이도 새것 달라고 하면 되지 않을까? (방법4)

Evaluate: 생각해낸 방법 점검하기

3단계는 2단계에서 모색해본 다양한 방법을 하나하나씩 다시 생각해보며 점검해보는 것입니다. 문제 해결로 타당한지, 혹은 다른 문제를 야기하지 않는지를 말이죠. 이런 과정을 거쳐 가장 적합한 방법 한 가지를 추려냅니다.

엄마: 유치원에 안 가면 심심하지 않겠어? (방법1 점검)

엄마: 다른 친구랑 노는 방법도 있지만, 세현이랑 재밌게 논 날도 많지 않아? (방법2 점검)

엄마: 도은이가 말을 안 하면, 세현이는 네 생각이나 기분을 알 수가 없어. 말을 해주면, 세현이도 이해하고 플레이도를 다른 색상들이랑 섞지 않을 수도 있지 않을까? (방법3 점검)

엄마: 선생님한테 플레이도를 새것으로 달라고 할 수도 있겠다. 근데 친구들이 또 섞어버리면 어떡하지? (방법4 점검)

도은: 유치원에 안 가면 친구들이랑 모래놀이 못 하니까 싫을 거 같고, 나중에 세현이랑 또 놀고 싶을 거 같기도 하고, 선생님한테 계속 플레이도 달라고 하면 안 주실 거 같으니까…. 그냥 세현이한테 내일 말해보는 게 제일 나을 것 같아. (최선의 방법 결정)

엄마: 그래. 그게 가장 좋겠다.

Act: 가장 좋은 방법 실행하기

앞서 가능성 있는 방법들을 점검한 후에 선택한 최선의 방법을 실행해보는 것이 4단계입니다. 다음 날 유치원에 간 도은이가 등원 버스 안에서 세현이에게 말합니다.

도은: 세현아, 어제 우리 플레이도 같이 가지고 놀 때, 네가 색
깔을 다 섞어서 똥색 만들어서 내가 무지개를 만들 수가 없었어.

세현: 아, 내가 그랬어? 몰랐네. 미안해. 다음에 플레이도 할 때
네가 쓰고 싶은 색은 남겨주고 괴물 만들 것만 섞을게.

도은: 고마워. 세현아.

Learn: 경험에서 배우기

마지막 5단계는 1~4단계를 거쳐 도출한 방법을 실행한 후에,
아이의 생각이 어떻게 변하며 인지 조절이 되었는지, 그래서 어떤
것을 배웠는지 알아보는 단계입니다. 도은이가 신나게 하원하며
엄마한테 이야기합니다.

도은: 엄마, 나 오늘 세현이한테 말했어. 그랬더니 오늘은 플레
이도 다 안 섞어서 무지개 만들었어.

엄마: 잘되었네. 그래서 이번 일로 어떤 것을 배운 것 같아?

도은: 친구한테 내 생각을 말해주는 거.

엄마: 그래. 친구들과 함께 지내다 보면 속상한 일이 생길 수
도 있고, 그래서 화가 막 날 때도 있을 거야. 그런데 그렇게 화가

난 상태에서 어떤 결정을 하면, 그게 가장 좋은 방법이 아닐 수 있어.

도은: 맞아. 화나서 유치원 안 갔으면 심심했을 거 같아. 그리고 세현이한테 말 안 했으면, 계속 괴물 만든다고 플레이도를 다 썼을 거야.

엄마: 맞아. 이번에 도은이가 화난 마음을 조금 가라앉힌 다음에, 시간을 갖고 여러 가지 방법을 생각해봐서 더 좋은 방법들을 찾아낼 수 있었던 것 같아.

위의 예시와 같이 '생각을 조절하는 IDEAL 요법'으로 아이와 여러 상황을 대화로 풀어가다 보면 아이의 인지 조절 능력이 향상될 것입니다. 물론 현실에서는 이렇게 시간을 갖고 차분히 이 방법을 실천하기 어려울 수 있습니다. 중요한 것은 아이가 감정에 휩쓸려 상황을 잘못 해석하는 일을 최소화하고, 감정을 최대한 배제하고 상황을 올바르게 파악할 수 있도록 옆에서 도와주는 것입니다. IDEAL 요법의 중요한 메시지를 머릿속에 넣고 있다면, 아이가 문제 상황을 맞닥뜨렸을 때 같이 당황하거나 동요하지 않고 객관적이고 이성적으로 대처할 수 있을 것입니다.

감정 조절:
감정을 인식하고 조절하기

갓 태어난 아기도 기쁨이나 슬픔처럼 기초적인 감정을 느낍니다. 그리고 본능적으로 그 감정을 조절하는 능력을 가지고 있습니다. 아이가 커감에 따라 느끼는 감정의 종류나 깊이는 더 복잡해집니다. 아이들은 아직 느끼는 감정의 종류가 많지 않지만, 성장하면서 인지 능력 또한 발달하게 되고, 여러 가지 사회적 경험이 쌓이면서 다양한 감정을 느끼게 됩니다.

아이로서는 낯설고 격한 감정을 느끼기도 하는데, 이때 동반되는 신체 변화를 지각하는 것은 쉬운 일이 아닙니다. 특히 아직 자기중심적 사고를 하는 어린아이들의 경우 타인의 감정을 공감하기는 어렵고 어떻게 대응할지 모르니 부모에게 많이 의존하게 됩니다.

그래서 부모가 아이에게 감정을 조절하는 방법을 가르쳐주어야 합니다. 감정 조절이란 자신의 감정을 인식하고 건강한 방식으로 표현할 수 있는 능력, 그리고 상황에 맞게 조절할 수 있는 능력입니다.

조절 능력은 금방 향상되는 것이 아닙니다. 자신의 다양한 감정을 인식하고 상황에 맞고 건강한 방법으로 풀어가기 위해 수많은 반복, 연습, 경험과 격려를 통해 기를 수 있죠. 타고난 기질에 따라 자신의 감정을 예민하게 알아차리는 아이들도 있지만, 인지하지 못해서 본인도 이유를 모르는 행동을 하기도 합니다.

감정을 조절하는 데는 5가지 단계가 있습니다. 첫째, 여러 가지 감정을 알고, 둘째, 나의 감정을 인식하고, 타인의 감정을 인식할 줄 알아야 하며, 셋째, 감정의 원인을 파악할 줄 알아야 하고, 넷째, 그 감정을 받아들일 수 있어야 하며, 다섯째, 그 감정을 말로 표현할 줄 알아야 합니다.

이렇게 5가지 단계가 먼저 밑받침되어야, 마지막으로 감정을 조절하는 법을 배울 수 있습니다.

감정 조절을 배우는 5단계	
1단계	감정 알기(식별하기)
2단계	감정 인식하기
3단계	감정과 원인 연결하기
4단계	감정 받아들이기
5단계	감정 표현하기

1단계. 감정 알기

사람은 매일 여러 가지 감정을 느끼며 살아갑니다. 태어난 순간부터 다양한 감정을 느끼면서 크지만, 언어로 자신을 표현하기까지 적어도 1년이라는 시간이 걸립니다. 아이들은 자신의 감정을 먼저 몸으로, 표정으로, 울음으로 표현하기 시작하죠. 그렇기 때문에 아이가 특정 감정을 인식해서 말로 표현하기까지, 특정 감정을 표현하는 단어를 골라 말하는 데까지 시간이 걸리며, 부모가 가르쳐주어야 합니다.

감정이란 눈에 보이지 않는 추상적인 것이죠. 그렇기 때문에 사람의 표정이나 행동을 보며 어떤 감정인지 추론하고 언어로 표현해보는 것이 도움이 됩니다. 감정에 이름을 붙여 정의해보는 거죠. 예를 들어 우는 사람을 보면 '슬프다'라는 단어를 알고 이야기하는 것, 팔짱을 끼고 째려보는 사진을 보면 '화나다'라는 단어와 연결해보는 것이죠. 동화책을 볼 때 등장인물이 눈을 가리거나 어딘가에 숨은 그림을 보면 '무섭다'로 이야기해보고요.

일상에서도 예를 들어 손님이 선물을 사 와서 아이가 기뻐 소리를 지른다면, "기쁘구나"라고 말해주세요. 다음과 같이 감정의 종류를 이미지로 보여줌으로써, 또는 재미있는 게임을 활용해 여러 가지 감정을 구분하는 연습을 해볼 수도 있습니다.

① 감정 카드 뒤집기 놀이

여러 가지 감정을 나타내는 사진이나 그림을 준비해서 뒤집어 놓습니다. 지난 잡지나 다 쓴 학습지 등에서 표정이 있는 인물 그림이나 사진을 오려두면 활용하기 좋아요. 이걸 하나씩 뒤집어보면서 이미지 속 인물의 감정을 한 단어로 말해보는 거예요.

② 감정 빙고 게임

가족 각자가 빙고판에 감정을 나타내는 얼굴 그림을 그려 넣거나, 행복, 슬픔, 화 같은 감정 어휘를 적어 넣습니다. 아이가 너무 어리다면 부모님이 미리 빙고판을 완성해놓고 시작할 수도 있겠죠. 빙고판이 완성되면 한 줄, 두 줄 혹은 세 줄 지우기 등 게임의 규칙을 정합니다. 이제 한 명씩 돌아가며 감정 카드를 뒤집어서 나온 그림의 감정을 말로 표현하고, 자신의 빙고판에 같은 감정이 있으면 지웁니다. 만약 세 줄 지우는 것을 승리라고 정했으면, 세 줄을 먼저 지우는 사람이 "빙고!"를 외쳐서 승리하는 거예요.

이렇게 다양한 감정이 존재한다는 것을 알려주고, 그런 감정들에 이름을 붙여 계속 이야기해보는 것이 아이들이 감정을 인식하는 첫걸음이 됩니다. 나아가 이런 감정들과 아이의 실제 경험을 연결해 이해를 도와줄 수 있습니다.

이런 시간을 통해 더 다양한 감정을 말로 표현하다 보면 감정들의 차이를 더 잘 식별할 수 있게 되며, 후에 자신의 감정을 더 정확히 표현할 수 있게 됩니다. 또한 감정을 인식함으로써 한걸음 물러나 그 감정을 바라보고, 그에 맞게 적절한 행동을 선택할 수 있습니다.

UCLA 심리학과의 매튜 리버맨 교수는 감정을 언어로 명명하는 것이 슬픔이나 화남, 아픔과 같은 큰 감정을 완화한다는 연구 결과를 발표했습니다. 사람이 화가 나면 뇌의 편도체가 활성화합니다. 편도체의 역할은 위험 요소를 인지하고, 그 위험으로부터 몸을 보호하기 위해 생물학적 알람을 주는 것이라고 합니다. 그런데 화가 났다는 감정을 언어로 표현했더니 편도체 반응이 줄어들었고, 감정을 처리하고 행동 억제를 담당하는 전전두엽 피질이 활성화됐다는 점을 발견했죠.

다시 말해, 감정을 언어로 표현하면 생각하는 뇌(전전두엽)를 자극해, 감정의 뇌(편도체)의 활동을 줄입니다. 그래서 감정을 진정시키고 충동적인 행동에 브레이크를 걸어줍니다.

2단계. 감정 인식하기

1단계는 여러 가지 감정들을 구분하여 식별하는 것, 다시 말해 여러 감정을 정의할 수 있는 것이었다면, 2단계는 자신이 특정 감정을 느끼고 있다는 것을 인식하는 것입니다. 그리고 더 나아가 타인이 느끼는 감정을 인식하는 것입니다.

여러 가지 감정이 있다는 것을 아는 것과, 스스로 지금 내 감정이 어떠하다는 것을 알아채는 것, 더 나아가 타인의 감정을 알아채는 것은 한 단계 더 나아간 능력입니다. 특히 자기중심적 사고를 하는 아이들이 타인의 감정을 이해하는 것은 쉽지 않은 과제입니다. 말로 표현되지 않은 타인의 감정을 그 사람의 표정이나 몸짓, 행동에서 유추해야 하니까요.

다양한 경험을 해보지 못한 어린아이한테는 감정에 따른 자신의 신체 변화를 인지하는 것도 어려운 일입니다. 예를 들자면 두려움을 느껴 가슴이 쿵쾅거리고, 떨려서 가슴이 벌렁거리는 신체 변화와 감정을 연결하는 것 말입니다. 그래서 감정에 따른 몸의 변화에 언어를 붙여주면, 스스로 그 감정을 인식하고 다음에 비슷한 감정을 느낄 때 표현할 수 있게 됩니다.

아이에게 자신의 감정을 인식하는 법을 가르쳐주려면, 부모가 먼저 아이의 상태를 잘 관찰하고 아이의 감정을 말로 표현해주는 게 좋습니다. 예를 들어 아이가 미끄럼틀 위에 앉아서 무서운 감정이 들어 못 내려오고 머뭇거릴 때 "뭐가 무서워? 안 무서워. 괜찮아. 내려와"라고 말한다면, 아이는 그 순간의 감정이 무서운 것임을 알 수 없게 돼요. 그뿐 아니라 무서운 감정이 부모에게 받아들여지지 않았기에, 다음에 비슷한 감정이 찾아와도 잘못 해석하거나 애써 그 감정을 부정하거나 표현하지 않게 됩니다. 감정을 식별하지 못하게 되는 거죠. 이는 부모와의 관계 형성에도 불신을 쌓을 수 있습니다.

아이에게 자신의 감정을 잘 인식하는 법을 가르쳐주려면, 부모가 먼저 아이의 감정을 그대로 보고 받아들여, 적절하게 보여주어야 합니다. 일상의 순간순간 아이의 감정을 단어로 표현해주어, 아이가 자신의 감정을 인식할 수 있도록 도와줘야 합니다. 미끄럼틀 위에 앉아서 못 내려오는 아이를 보고 "무서워서 가슴이 쿵쾅거리는구나"라고 말해주는 거죠. 이렇게 아이의 감정을 상황마다 언어로 설명해주고, 신체의 변화와도 연결해주어야 아이는 그 순간의 자기감정을 인식하게 됩니다.

자신의 감정을 인식하는 단계 다음으로 타인의 감정을 인식하는 법을 가르쳐줘야 합니다. 즉 공감 능력을 키워주는 것이죠. 타인의 감정을 인식할 수 있으면 상대방과의 오해나 갈등을 줄일 수 있기 때문에, 사람들과 긍정적인 관계를 형성할 수 있습니다.

상대방의 감정을 인식하려면 먼저 상대방을 잘 관찰해야 하죠. 몸짓이나 표정, 목소리 톤 등을 보며 다른 사람의 감정을 추론해보는 것을 연습할 수 있습니다. 예를 들어 게임하고 놀다가 진 친구가 팔짱을 끼고 입이 나온 것을 보고 "친구가 게임에 져서 화가 났구나"라고 말로 표현해주는 거예요. 다른 사람의 표정이나 몸짓이 어떤 메시지를 담고 있는지 아이와 함께 이야기해보세요.

이런 식으로 일상에서 보는 사람들의 다양한 표정과 몸짓이 내포한 감정을 부모가 말로 풀어서 이야기해준다면, 어느덧 아이는 쉽게 타인의 감정을 인식할 수 있게 됩니다.

3단계. 감정과 원인 연결하기

하버드 의대 신경정신과 전문의 대니얼 J. 시겔 박사는 자신의 책 《아직도 내 아이를 모른다》에서 내 감정에 대해 이야기하면 그 감정에 휘둘리기보다는 떨어져서 객관적으로 볼 수 있게 된다고 소개했습니다. 이것을 일명 '이름 붙여 길들이기'라고 하는데요, 감정에 이름을 붙이고 그 감정을 둘러싼 것들을 묘사하다 보면 그 상황을 더 잘 이해하게 되며, 해석하다 보면 그 원인까지 알 수 있게 된다는 것이지요. 내 감정을 해석하고 원인을 아는 능력은 우리 부모들 또한 의식적으로 생각하며 계속 키워가야 하는, 요즘 흔히 말하는 '마음 챙김'의 일종이기도 합니다.

우리 어른들도 육아에 지쳐, 사회생활에 지쳐 감정을 드러내지 않거나 들여다보지 않고 살다 보면, 그 원인조차 잊고, 본인도 이해할 수 없는 행동을 하기도 합니다. 감정이란 미묘하고 복잡한 것이라 단순한 한 가지 감정으로 시작해서 여러 가지 복합적인 감정들을 키워내죠. 그 결과 나 자신뿐만 아니라 주위의 사랑하는 사람들에게까지 영향을 끼치곤 합니다.

이렇게 중요한 감정의 해석. 아이들과 어떻게 시작해볼 수 있을까요?

먼저 부모가 일상에서 겪는 특정 상황에서 느끼는 감정과 그 감정의 원인을 이야기해주는 것으로 시작하세요.

"엄마 친구가 생일이라 주말에 만나서 점심 같이 먹기로 했는데, 그 친구가 아파서 못 나온대. 친구 만날 생각에 기뻤는데, 취소되니까 너무 속상해. 대신 뭘 하면 좋을까? 아, 좋은 생각이 있다. 시간이 더 많이 생겼으니까 생일 카드를 직접 만들어봐야지."

이런 식으로 엄마도 속상한 감정을 느낀다는 것을 보여주며,

그 감정의 원인을 이어서 말해주면, 아이도 감정에는 원인이 있다는 것을 자연스럽게 알게 됩니다.

두 번째로 아이의 일상에서 아이가 느끼는 순간순간의 감정을 알려주고 원인 또한 붙여서 말해주는 것이 좋습니다. 예를 들어 아이가 블록으로 높게 쌓은 탑을 동생이 와서 실수로 무너뜨린 경우 이렇게 말할 수 있죠.

"멋지게 쌓은 탑을 동생이 무너뜨려서 동생한테 소리를 질렀구나. 열심히 쌓은 탑이 무너졌으니 화가 났겠다. 다음엔 어떻게 하면 될까? 동생이 기어 와서 무너뜨리지 못하게 책상 위에다 쌓아볼까?"

아이의 화난 감정을 부정적인 감정으로 치부하는 것이 아니라 그 감정 그대로 인정하고 공감하며 말로 표현해주세요. 그런 다음 그 감정의 원인을 이야기하고 해결하는 법도 하나쯤 제시해주세요. 그러면 아이는 본인의 감정을 더 잘 이해하고 어떻게 대처해야 할지도 생각해볼 수 있게 됩니다.

세 번째로 아이가 경험해보지 못한 감정이나 부모가 옆에 있지 않을 때 아이가 겪을 수도 있는 감정에 대해, 동화책을 읽으며 등장인물들의 감정으로 대신해 이야기해볼 수 있습니다. "이때 곰돌이는 기분이 어땠을까? 네가 곰돌이라면 어떻게 했을 것 같아?" 하는 식으로 말이죠.

책 이외에도 역할놀이나 인형놀이로 다양한 감정에 대해 이야기해주면, 아이가 더 몰입해서 잘 배울 수 있습니다. 이처럼 아이가 여러 가지 감정 단어를 알고, 자신과 타인의 감정을 인지하며, 원인을 연결할 수 있게 된다면, 다음 4단계는 그 감정을 인정하고 받아들이는 것입니다.

4단계. 감정 받아들이기

"화났니?"

"아니 안 났어."

"너 삐졌지?"

"아니야."

"서운하구나?"

"괜찮아."

이런 대화들 우리 생활에서 적지 않게 많이 들립니다. 서운해도 "괜찮아", 화가 나도 "아니야"라고 하면서 감정을 솔직하게 표현하지 않는 경우가 많습니다. 화가 나면 성격이 안 좋은 사람으로, 서운해하면 속이 좁은 사람으로 여겨질까 봐 스스로를 속이고 있는지 모르겠습니다. 여기에는 개인의 성격이나 문화적 특성도 영향을 끼치겠죠.

하지만 감정을 인정하는 것이야말로 감정 조절의 시작이라고 볼 수 있습니다. 그래서 자신의 감정을 인정하도록 아이를 가르치기를 권합니다. 먼저 아이들에게 여러 감정에 대한 선입견을 만들어주지 말고, 모든 감정은 나의 상태를 알려주는 신호 같은 소중한 존재일 뿐이라는 것을 가르쳐줘야 합니다.

모든 감정은 어떠한 상황 안에 생겨나는 자연스러운 현상입니다. 흔히 부정적인 감정이라고 여기는 화나 짜증을 느끼면 그게 나쁘다고 생각하기 쉽죠. 그래서 감정을 속으로만 품거나 참기만 한다면, 바로 풀어주지 못했기 때문에 언젠가 곪아서 터지기 마련입니다.

간혹 선천적 기질로 인해, 예컨대 내성적인 아이, 완벽주의 아이인 경우, 감정을 인정하지 않고 드러내지 않을 수도 있습니다. 이런 경우가 더 위험합니다. 일단 인정을 해야 표현할 수 있고, 표출되어야 그 감정을 다스리는 방법을 찾아보려는 시도라도 할 수 있기 때문이죠. 그러므로 모든 감정은 자연스럽고 안 좋은 감정은 없다는 것, 다만 감정을 다스리고 상황에 맞는 행동을 골라 해야 한다는 걸 알려주어야 합니다.

감정을 인정하는 것을 가르쳐주기 전에 선행되어야 하는 것은 부모가 자신의 감정을 인정하는 모습을 보여주는 것입니다. 부정적인 감정은 숨기는 것이 바람직한 것이라고 배운 부모가 많죠.

수십 년을 참거나 숨기거나 인정하지 않고 살아왔다면 그런 습관을 바로 고치기는 쉽지 않습니다. 하지만 부모를 보고 배우는 아이들도 그런 습관을 가질 수 있다는 것을 명심하고, 부모가 먼저 다양한 감정을 인정하는 것을 보여주어야 합니다. 감정에 대한 대화를 편견 없이 아이와 나누어보고, 일상에서 실천하는 것이 중요합니다. (자신의 감정을 바라보는 데는 명상이나 일기 쓰기가 도움이 됩니다.) 부모와 아이와의 관계 형성, 마음 챙김을 위해서는 감정 인정은 꼭 필요한 요소입니다.

5단계. 감정 표현하기

사회마다 감정을 표현하는 방식이 다릅니다. 미국 문화의 경우 감사한 마음을 표현하는 것이 너무나 자연스러운 반면, 한국 사람들은 쑥스러워하기도 합니다. 특히나 부정적인 감정은 보이지 않고, 안으로 숨기고 참고 넘어가는 것이 더 많은 것 같습니다. 또한 어린 사람들이 감정을 드러내면 버릇이 없다고 치부해버리기도 합니다.

그러나 감정 표현을 억제하면 건강한 삶을 살아가기 힘듭니다. 부모와 아이가 서로의 다양한 감정을 자유롭게 표현하고, 감정에 대한 선입견을 배제하고 대화하길 바랍니다. 엄마도 화가 날 때도 있고, 짜증이 날 때도 있지만 그래도 괜찮다는 것을 보여주세요.

그냥 지나가는 감정일 뿐이라며 쿨하게 대응하는 모습도 보여주세요. 그리고 그 감정의 크기가 너무 커서 도움이 필요할 때는 감정 도구를 꺼내 조절하는 법(※242쪽 참고)을 보여주면 됩니다.

감정을 더 쉽게 표현하는 아이가 있는 반면, 부모가 본을 보여주어도 쉽게 표현하지 못하는 아이도 있습니다. '착한 아이 증후군'이라고 들어보셨나요? 착한 아이 증후군은 남들에게 착한 사람으로 여겨지고 싶어, 자신의 감정을 솔직히 표현하지 못하고 부정적인 감정을 숨기며 타인의 말에 순응하는 경향을 말합니다. 이런 사람들은 다른 사람들이 나를 싫어하거나 떠날까 봐 불안해하며 다른 사람들에게 휘둘리기 쉽습니다.

이처럼 장기간 감정을 억제하며 자라다 보면, 어른이 되어서도 자신의 삶의 주인이 될 수 없을뿐더러 우울증에 빠지기도 합니다. 착한 아이 증후군을 앓는 아이로 키우고 싶지 않다면, 먼저 지금의 육아 스타일을 한번 되돌아보길 바랍니다. 혹시 나의 엄격한 육아 방식이 아이를 착한 아이 증후군으로 몰아가고 있지는 않은지, 반대로 과도한 칭찬으로 '착한 아이'라는 틀에 가두고 있지는 않은지.

아이가 표현에 인색하다면 스피드 게임이나 상황극을 해보면 좋습니다. 스피드 게임은 한 사람이 감정 단어를 보고 얼굴 표정과 온몸을 사용하여 그 단어를 표현하면, 다른 가족들이 어떤 감정을 표현하는 건지 맞히는 것입니다. 상황극은 평소 아이가 느낄 수 있는 다양한 감정을 유발하는 상황을 역할놀이처럼 해보는 겁니다. 예를 들어, 엄마도 아이도 다 친구라고 가정하고 학교 놀이를 하면서, 엄마가 실수로 아이의 물건을 망가뜨리는 상황, 또는 친구의 생일파티에 다른 친구들은 초대를 받았는데 엄마(상황극 속에서는 아이의 친구)와 아이만 초대를 못 받은 상황 등을 가정해 놀이를 하는 거죠. 이때 엄마는 표정이나 몸짓을 더 과장되게 표현하여 아이가 보고 느낄 수 있도록 하는 것이 좋습니다.

역할놀이는 감정이라는 추상적인 것을 말뿐만 아니라 표정, 몸짓을 통해 더 명확히 보여줄 수 있기 때문에 효과적입니다. 상상력, 창의력, 자신감과 언어 능력까지 덤으로 얻죠. 아이들이 흔하게 겪을 수 있는 시나리오를 가지고 감정을 표현하는 대사와 표정, 몸짓까지 표현해보면, 아이들은 비슷한 상황을 겪을 때 더 쉽고 편하게 자신의 감정을 표현할 수 있게 됩니다. 몸이 기억하는 거죠.

이때 아이에게 특정 감정을 묘사하는 단어가 한 가지가 아니라 여러 가지가 있을 수 있다는 것, 그리고 상반되는 감정이 동시에 존재할 수도 있다는 것을 알려줄 수도 있습니다. 예를 들어, 수영 실력이 늘어서 상급반으로 올라가게 되면 기분이 즐겁고, 뿌듯하고, 설레고, 긴장되는 여러 가지 감정이 교차합니다. 마음이 들

뜨는 것을 이와 같이 다양한 단어로 묘사해볼 수 있겠죠. 한편으로는 같은 반에 있던 친구들과 헤어지게 돼 섭섭한 마음이 들 수도 있습니다. 한 상황에서 기쁘기도 하고 섭섭하기도 한 감정을 동시에 느끼는 것이죠.

마지막으로 부부 사이나 가족끼리 서로의 감정을 자주 언어로 표현해 나누다 보면, 사소한 오해에서 시작되는 마찰도 피하고 가족 관계도 더 돈독해져서 아이의 건강한 정서 발달에 큰 도움을 줍니다.

안정적인 집안 환경에서 아이들은 더욱 자유롭게 감정을 표현할 수 있게 돼요. "사랑해" "고마워" "감동했어" "뿌듯해" 등 따뜻한 감정 언어들을 식구들과 함께 표현해보는 건 어떨까요? 매일 하다 보면 어색함도 줄고 조그만 일상의 행복이 쌓일 것입니다.

미국 학교의
감정 조절 프로그램

앞의 5가지 단계를 따랐다면, 이제 감정 조절을 배워볼 수 있습니다. 미국 학교에서는 사회 정서 커리큘럼에서 '감정 구역 프로그램The Zones of Regulation'을 많이 씁니다. 작업치료사인 레아 쿠이퍼스Leah Kuypers가 신체 및 사회 정서 발달이 늦되거나 예민한 아이들을 치료해주는 과정에서 많은 아이들이 감정 조절의 어려움을 겪는 것을 보고 인지행동치료에 기반해 개발한 프로그램입니다. 앞서 레드존, 블루존, 그린존으로 나누어 아이의 신체 조절 능력 기르는 법을 소개했는데, 이 또한 감정 구역 프로그램에 기반한 것입니다.

이 프로그램의 핵심은 아이들이 느끼는 다양한 감정을 시각화함으로써 아이 스스로 감정의 이유를 찾아보고, 감정과 행동을 조절하도록 돕는 데 있습니다. 어렵지 않습니다. 아래 표와 같이 4가지 색상 구역으로 감정을 구분해 알려주는 것입니다.

빨간색은 화나 흥분 같은 격한 감정, 노란색은 짜증, 초조함, 불안 같은 약간 상기된 감정을 나타냅니다. 초록색은 어떤 활동이든 할 준비가 된 평온하고 행복한 상태, 마지막 파란색은 슬픔, 외로움, 우울처럼 가라앉는 상태, 에너지가 없어서 피곤한 상태를 나타냅니다.

블루존	그린존	옐로우존	레드존
슬픔 아픔 피곤 지루함 우울 외로움	행복 평온 집중 배울 준비가 된 상태	좌절 걱정 짜증 초조 불안한 상태	몹시 화남 두려움 흥분 조절이 안 되는 격한 감정 상태

주의할 점은 나쁜 구역, 좋은 구역이란 없다는 것입니다. 우리의 삶에는 언제나 4가지 감정 구역이 존재하는데, 다만 블루존이나 레드존에서 그린존으로 옮겨보려는 노력이 필요할 수 있습니다. 예를 들어, 도서관에서 책을 읽던 아이가 미술대회에서 수상하게 되었다는 소식을 들었다고 해봅시다. 이때 아이는 너무 기뻐서 소리를 지르고 싶을 만큼 격한 흥분 상태, 즉 레드존에 있습니다. 하지만 도서관이니 이 감정을 조절해야겠지요. 레드존에서 그린존으로 옮겨야 하는 장소이기 때문입니다.

그러나 레드존에 있다고 해서 반드시 감정을 조절해야만 하는 것은 아닙니다. 가령 크리스마스 아침에 일어난 아이가 산타할아버지가 놓고 간 선물 꾸러미를 발견한 상황을 떠올려보세요. 너무 흥분한 나머지 팔짝팔짝 뛰며 소리를 지릅니다. 이럴 때는 기쁜 감정을 충분히 느끼고 표현하는 것이 적합하니 딱히 조절이 필요하진 않겠지요.

다음의 그림은 미국 학교에서 실제로 사용하는 감정 구역 프로그램의 예입니다. 교실 게시판에 4가지 색상 보드를 고정해놓으면, 아이들이 매일 아침 교실에 들어올 때 코팅된 자신의 얼굴 사진을 그날의 기분에 따라 해당하는 구역에 붙입니다. What zone are you in?(오늘 네 기분은 무슨 색깔이야?)이라는 질문에 이렇게 대답하는 것으로 교실에 체크인하는 것이지요.

수업 중에도 이 프로그램이 활용됩니다. 바닥에 눕는 아이가 있다면 "몸이 블루존에 있네. 에너지가 없나 보다. 조금 힘을 내서 그린존으로 오게 할 수 있니?"라고 말해볼 수 있겠죠. 또 체육 시간에 가만히 앉아 있는 아이에게는 "지금은 에너지를 크게 올려야 하는 시간인데, 네 몸을 레드존으로 오게 할 수 있어?"라고 물어볼 수 있습니다. 아이가 자기감정을 인식하고 몸을 조절하도록 알려주는 것이지요. 이렇게 색상을 활용하면 아이들이 추상적인 감정을 시각적으로 보고 이해하기가 훨씬 수월해집니다.

감정 구역 프로그램의 예

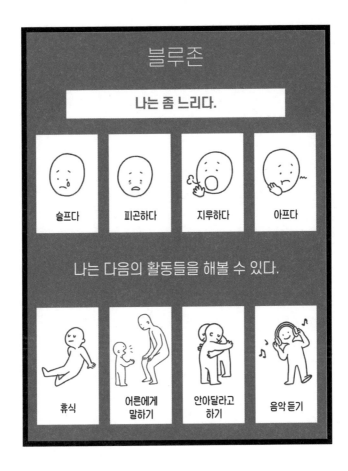

에너지가 없고 피곤해서 축 처지는 몸 상태, 슬픔이나 우울함 같은 감정 상태, 아프거나 심심한 상태 등이 블루존에 해당합니다. 나의 몸과 감정이 현재 블루존에 있다는 것을 아는 것이 중요합니다. 휴식이 필요하다는 신호니까요. 이럴 때는 어른에게 말해 도움을 받거나, 신나는 음악을 들으며 기분을 전환할 수 있습니다. 또 내가 좋아하는 활동을 하면서 다른 존으로 옮겨 가려고 노력해볼 수도 있지요.

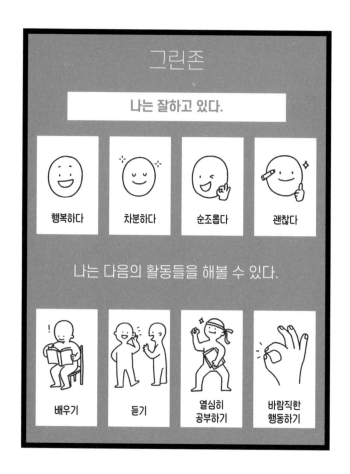

기분이 좋고, 마음이 평온해서 집중할 수 있는 상태입니다. 무언가 배우기에, 즉 교실에서 는 수업하기에 가장 적합한 상태지요. 몸이나 감정 에너지가 그린존에 있다면 생각도 이상 적으로 하게 되어 바람직하게 행동하고, 잘 듣고 배울 수 있으니 공부에도 집중할 수 있습 니다. 교실에서뿐만 아니라 일상에서도 그린존에 머무는 것이 모든 면에서 가장 좋은 결과 를 가져다주는 이상적인 상태라고 하겠습니다.

약간 상기된 상태에서 나타나는 짜증, 초조, 불안, 까불거림 등이 옐로우존에 속합니다. 놀이터에서 놀 때나 게임을 할 때, 아이들은 장난을 치고 까불거리고 터무니없는 소리를 하기도 하지요. 놀거나 쉬고 있을 때라면 꼭 다른 존으로 옮겨갈 필요가 없겠지만, 수업 중이거나 정숙해야 하는 장소에 있다면 생각을 조절하며 그린존으로 옮겨가려는 노력이 필요합니다.

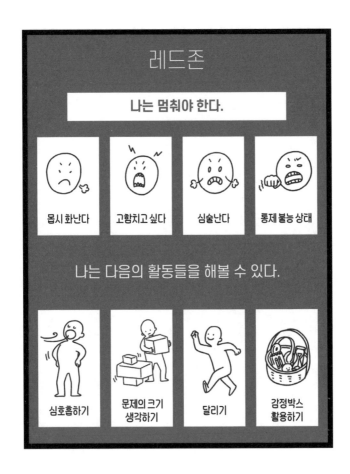

부정적인 감정뿐만 아니라 너무 신나서 흥분한 것도 레드존에 해당합니다. 화로 인해 감정이 폭발하면 통제 불능 상태에 빠질 수도 있지요. 아이가 레드존에 도달한다면 격한 정도를 줄여나가게 도와주세요. 이때 문제의 크기에 대해 생각해보게 하면 도움이 됩니다. 가령 넘어져서 무릎이 살짝 까진 아이에게 그냥 "괜찮아~"라고 하기보다 "뼈가 부러지지 않아서 다행이다. 이 정도면 금방 낫겠다"라는 식으로 말해줄 수 있습니다.

감정 도구로 아이의 기분을 전환하는 방법

아마 아이들을 가장 평온한 상태인 그린존으로 오게 하고 싶을 때가 많은 텐데요, 아이들을 그린존으로 이끄는 길은 무엇일까요? 영어에서 '길'을 뜻하는 'PATH(패스)'라는 단어의 첫 자를 따서 4가지로 정리할 수 있습니다.

기분을 전환하는 4단계

일단 멈추기 Pause	감정이 몰아가는 행동을 멈춘다.
감정 인식하기 Acknowledge	내 감정을 안다.
생각하기 Think	어떤 방법이 나의 기분을 완화해줄 수 있는지 생각한다.
돕기 Help	생각한 결과 찾아낸, 나 자신을 도울 방법을 실행한다.

대부분의 경우 감정이 요동칠 때는 감각적인 자극을 주어 진정하게 만들 수 있습니다. 하지만 다른 아이한테 효과가 있다고 해서 내 아이한테도 효과가 좋다는 보장은 없습니다. 사람마다 감정을 다스리는 방법은 천차만별이니까요.

여러 가지 감정 조절 기술을 시도해보며 아이한테 도움이 되는 것들을 기록한다든지, 나만의 감정 박스를 만들어 그 안에 감정 도구를 넣어주면 아이 스스로 감정을 조절할 수 있습니다. 감정 박스란 감정 도구를 넣어두는 박스를 말합니다. 격한 감정을 다스리는 데 도움이 될 만한 물건들을 '감정 도구'라고 하고, 여러 가지 도구를 한곳에 모아놓는 것이죠.

앞서 말했듯 사람마다 감정을 다스리는 방법이 다르고, 같은 사람이라도 상황이나 어려움의 크기, 컨디션에 따라 필요한 감정 도구는 달라질 수 있어요. 그래서 이렇게 여러 가지 도구를 한곳에 모아두면 필요에 따라 꺼내 쓰기 용이합니다.

감정 박스의 예

감정 박스에 넣을 수 있는 감정 도구에는 다음과 같은 것들이 있습니다.

① 모래시계, 센서리 보틀Sensory bottle: 모래시계에서 모래가 내려오는 모습을 보면 심신을 진정시킬 수 있습니다. 센서리 보틀은 투명한 병 안에

242

물과 오일을 담고 반짝이나 장난감을 띄운 것으로, 역시 보는 것만으로 심리적 이완 효과가 있습니다.

② 피젯토이: 손을 꼼지락거리며 가지고 노는 장난감. 스퀴시볼, 말랑이, 다양한 감촉의 인형, 스피너, 누르면 들어가는 공 등을 만지면서 안정 효과를 얻을 수 있습니다.

③ 플레이도나 액체 괴물, 슬라임, 키네틱샌드^{Kinetic sand} 등: 감각 자극을 주는 도구들입니다. 일상생활에서 느끼지 못하는 자극을 받고 그것에 몰입하면서 불안감을 해소할 수 있습니다.

④ 소음 차단 헤드폰: 주변에서 나는 소리나 소음을 차단해 집중을 도와주고 심신의 안정을 가져다줍니다.

⑤ 미술용품: 크레용, 종이, 스티커, 색칠공부 등 미술 활동을 통해 뇌와 몸의 긴장을 풀어줄 수 있습니다. 창의적인 활동은 도파민 분비를 촉진해 스트레스를 낮춰줍니다.

⑥ 트랙 카드: 여러 가지 모양의 트랙 카드. 카드 속 모양을 손가락으로 따라 그리며 숨을 들이마시고 내쉬는 방법입니다. 이 외에도 호흡을 도와주는 바람개비나 부는 비눗방울을 넣을 수 있습니다.

⑦ 포근한 인형 또는 애착 인형: 안정감 향상에 도움을 줍니다.

⑧ 사진: 사진을 보며 즐거운 기억을 떠올려보면 순간의 감정을 바꿀 수 있습니다.

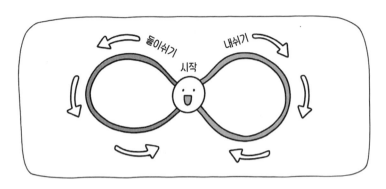

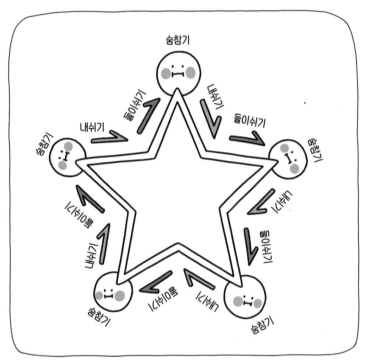

트랙 카드의 예

⑨ 책: 감각 책이나 아이가 가장 좋아하는 책. 이야기를 통해 생각이나 감정을 전환할 수 있습니다.

⑩ 이불: 탄력성이 있는 이불은 머리와 몸 전체를 감싸주는 역할을 합니다. 또한 무거운 이불은 더 깊게 눌러주는 자극을 통해 안기는 느낌, 감싸는 느낌을 줍니다. 이런 이불은 아이의 스트레스를 줄여주고 안정감을 줍니다.

1부에서 언급했듯 보통 미국 학교에서는 '안정 코너'라고, 교실 뒤나 구석진 곳에 마음 챙김을 할 수 있는 공간을 마련해놓습니다. 이처럼 집에서도 한쪽 구석에 안정 코너를 만들고, 감정 박스를 놓아둘 수 있습니다.

안정 코너 바닥에는 부드러운 카페트를 깔아주고, 빈백처럼 앉으면 폭 꺼지는 푹신한 의자를 배치하면 좋습니다. 벽에는 4가지 색상을 사용해 '엄마표(아빠표) 감정 구역'을 포스터 형태로 만들어 붙여줘도 좋습니다. 그리고 코너에 아이가 좋아하는 말랑말랑한 인형들이나 장난감, 좋아하는 동화책 그리고 감정 박스를 놓아주면 됩니다. 아이용 작은 텐트를 사용해도 좋습니다. 핵심은 아이가 포근하고 안락함을 느끼는 환경을 조성해주는 것입니다.

7장

회복탄력성을
삶과 연결하는 능력 키우기

아이는 성장함에 따라 계속해서 변화합니다. 아이가 삶 속에서 마주하게 될 난관의 크기와 양상도 변화하며, 아이가 속한 세상, 환경, 주변 사람들마저 지속해서 변화하겠죠. 4장부터 6장까지 소개한 ABC 요법으로 키운 회복탄력성의 도구들 또한 아이의 상황과 환경, 교류하는 사람들에 따라 다르게 사용될 것입니다.

예를 들어 힘든 상황 속에서도 '감사'를 찾아내 이겨낼 수 있고, 어떤 일에 실패했을 때는 자신을 믿는 데서 비롯된 '자존감'을 발휘해 '나는 할 수 있어'라는 마음으로 다시 도전해볼 수 있습니다. 깊은 슬픔이나 격한 분노와 같은 감정도 '자기 조절'을 통해 완화해서 다시 앞으로 나아갈 힘을 낼 수 있게 되죠.

사람마다 지닌 고유한 특성이 있기에, 비슷한 상황일지라도 서로 다른 도구를 쓸 수 있습니다. 더 나아가 같은 사람이 다른 상황에는 다른 도구를 쓸 수도 있겠지요. 이렇게 회복탄력성을 발휘하는 양상은 사람마다 다르고, 같은 사람이라도 상황에 따라 다릅니다. 변화무쌍한 삶에서 아이는 회복탄력성을 자신과 자신이 속한 환경 그리고 주변 사람들과 유연하게 '연결'할 수 있어야 합니다. 연결이란 사물과 사물 또는 현상과 현상이 이어지거나 관계를 맺는 것을 의미합니다.

회복탄력성의 자원이 되는 여러 가지 도구를 갈고 닦는 것도 중요하지만, 이 도구들을 활용할 줄 모르면 소용이 없겠죠. 내가 가진 회복탄력성의 도구들을 내 삶에 연결하는 능력이야말로 회복탄력성의 핵심이라고 볼 수 있습니다.

　계속해서 성장하고 지속적으로 변하는 아이의 삶에서 회복탄력성을 발휘되도록 도와주는 방법을 지금부터 알아보겠습니다.

타인과 연결하기:
회복탄력성의 목표는 사회성

　사람은 사회적 동물인지라 혼자서 살아갈 수 없고 계속 관계를 맺으며 살아갑니다. 회복탄력성이 높은 사람들은 제힘으로 살아가는 독립적인 사람이라고 볼 수도 있지만, 필요할 때는 타인에 의존하고 도움을 받을 수 있는 사람이기도 합니다.

　학교에서는 암기와 이해로 자신이 공부한 것을 시험과 성적으로 증명할 수 있을지 모르나, 사회에 나와서는 혼자 할 수 있는 일이 많지 않습니다. 다른 사람들과 끊임없이 협업하고 협력해야 하며, 그 과정에서 타인을 이해하고 공감하거나 설득하거나 나를 타인에게 이해시켜야 하는 상황들을 마주합니다. 그런데도 학교에서는 이처럼 인간관계에서 발생하는 어려움을 해결하는 방법은 가르쳐주지 않죠.

이런 사회적 능력은 경험을 통해 길러지는데, 어릴 적부터 다양한 사람들과 교류하며 키울 수 있습니다. 앞서 설명한 도구들을 활용해서 난관을 극복하고 헤쳐나올 수 있지만, 내가 가진 내적 자원만으로 다시 일어설 수 없을 때는 사회적 관계에서 도움을 받을 수 있습니다.

난관을 꼭 혼자서 이겨내야 하는 것은 아닙니다. 내가 속한 공동체 및 주변 사람들과 깊고 단단하게 연결되어 있으면, 의지하고 도우며 어려움을 극복하고 앞으로 나아갈 수 있어요. 힘들 때 옆을 지켜주는 사람이 있다는 것이 얼마나 큰 힘이 되는지 여러분은 잘 알고 있을 것입니다.

긍정심리학자 마틴 셀리그만은 행복에 대한 연구를 많이 진행했는데, 그가 한 연구에서 행복감이 높고 우울감이 낮았던 학생들에게서 찾은 공통점은 친구와 가족들 간의 단단한 끈이었습니다. 나와 세상과의 연결, 타인과의 연결, 회복탄력성의 열쇠와 같은 이 연결성은 어디서부터 어떻게 시작할 수 있을까요?

부모와의 연결

아이가 제일 먼저 연결되는 사람은 부모, 양육자입니다. 태어나면서부터 제일 먼저 만나는 타인은 부모이고, 부모와의 관계가 첫 대인 관계의 출발점인 셈이죠. 갓 태어난 아이에게 부모는 세상의 중심이고, 여기서 출발한 관계 형성 경험을 바탕으로, 아이는 앞으로 속하게 될 더 큰 사회에서 다양한 관계를 맺으며 살아가게 됩니다.

부모와의 애착 관계가 중요하다는 것은 이미 다 알고 있을 것입니다. 그래서 여기서는 애착 관계에 대하여 설명하기보다는 애착 형성의 핵심인 심리적 안정감을 이루는 부모와의 소통이 아이의 회복탄력성에 어떻게 기여하는지 알아보겠습니다. 그리고 이렇게 키운 회복탄력성을 아이가 어떻게 타인들과 연결해 건강하고 행복한 삶을 꾸려나갈 수 있을지 이야기해보겠습니다.

① 부모의 표정은 발달의 부스터

아이는 부모를 통하여 세상을 이해하고 경험합니다. 아이가 눈을 뜨고 제일 먼저 보는 타인의 얼굴은 부모입니다. 아이는 그렇게 부모의 표정을 보며 소통을 시작하게 됩니다. 표정이란 생각과 감정을 나타내기 때문에, 언어적 소통이 이루어지기 전인 신생아 때는 말보다는 부모의 표정을 보며 감정을 먼저 소통하며 정서적으로 발달하게 되는 것이죠. 아이가 태어나 한 달이 지나면 부모의 표정을 읽을 수 있게 되며, 부모의 다양한 표정을 관찰하고 모방하며 감정을 이해하고 배웁니다.

발달심리학자 에드워드 트로닉^{Edward Tronick} 박사는 부모의 무표정에 대한 아이들의 반응에 대해 연구했습니다. 일명 '무표정 실험'으로 불리는데요, 부모가 무표정하면 아이는 처음에는 웃음을 지어 보이거나 애교를 부리며 부모의 긍정적인 반응을 끌어내려고 노력했지만, 부모가 무표정으로 일관되게 대응할 경우 아이는 눈 맞춤을 피하거나 딸꾹질하거나 결국 울음을 터뜨리며 부모를 피했습니다. 이 실험으로 에드워드 박사는 엄마의 웃는 표정에 아이는 즐겁고 안정감을 느끼지만, 무표정엔 스트레스를 받는다는 것을 스트레스 호르몬이라고 불리는 코르티솔 수치로 확인할 수 있었죠.

한국에서도 이와 비슷한 실험이 방송을 통해 소개된 적이 있습니다. 유리 밑으로 시각 벼랑이 디자인된 곳을 아이가 기어서 건널 수 있는지를 알아보는 실험이었는데요, 시각 벼랑의 반대편에는 엄마가 앉아 있었습니다. 이때 엄마가 웃고 있으면 아이는 주저하지 않고 그 유리 벼랑을 배밀이로 건넌 반면, 엄마가 무표정한 경우 아이는 갈까 말까 주저하다가 결국 못 건너는 모습을 보였습니다.

이 두 실험이 시사하는 바는 엄마의 긍정적이고 밝은 표정은 '나는 사랑받는 존재'라는 느낌을 전달해 아이의 안정감과 자존감 형성의 기반이 된다는 것입니다. 이것은 타인에 대한 신뢰감 향상으로 이어져 아이가 세상으로 좀 더 자신 있게 나아가 배워나가는 힘의 근원이 됩니다. 다른 사람들과 좀 더 깊고 친밀하게 연결될 수 있게 되는 것이지요. 이렇듯 부모의 표정은 언어 이상의 메시지를 전달합니다.

그렇다면 부모는 아이와 교류할 때 항상 긍정적이고 환한 표정으로 아이의 회복탄력성을 키워주어야 할까요?

대인 관계가 잘 형성되려면 소통이 있어야 하고, 소통하는 데 절대적으로 필요한 기술이 바로 언어입니다. 아직 언어적 기술을 연마해나가는 어린아이들은 말로 소통하기 전에 표정을 통해 타인의 의사 또는 의도를 파악합니다. 표정으로 5대 감정이라고 하는 기쁨, 슬픔, 분노, 불안, 혐오를 배울 수 있다고 하죠.

아이가 성장하여 언어로 소통할 수 있게 된다고 해도, 궁극적으로 타인의 표정에 담긴 의사를 판별하고 이해하는 것은 대인 관계 형성에 있어서 중요한 요소입니다. 그렇기 때문에 엄마가 상황에 맞게 다양한 표정을 보여주는 것이 아이의 정서 발달과 사회성 발달에 도움이 됩니다.

표정을 통해 타인의 감정을 이해하고, 간혹 언어와 매칭이 되지 않는 표정을 보며 숨은 뜻을 감지하는 능력은 타인과 더 깊게 연결되는 대인 관계의 중요한 요소입니다. 대인 관계에서 빠질 수 없는 것이 공감 능력인데, 말과는 다른 표정이 내포하는 의미를 변별할 수 있을 때 더 크게 공감할 수 있죠. 따라서 다양한 상황에 따라 적절한 표정을 아이에게 보여준다면 아이는 그에 따른 타인의 정서를 이해하고, 그에 맞게 상호작용하며, 타인과 더 친밀하게 연결될 수 있습니다.

다양한 표정이 아이의 발달에 도움이 된다고 해서, 부정적인 표정까지 일상에서 자주 보여주는 것은 좋지 않습니다. 물론, 아이가 잘못된 행동을 해서 훈육을 할 때 긍정적인 표정을 지을 수는 없겠죠. 그때는 비난의 표정과 같은 부정적 표정은 삼가고, 단호한 표정 정도가 알맞겠습니다.

아이들은 부모, 특히 엄마와 가장 가깝게 많은 시간을 보내는데, 엄마의 표정을 통해 감정을 느끼고 이에 따라 자신을 긍정적으로 또는 부정적으로 생각하게 됩니다. 엄마가 일상에서 아이와 시간을 보낼 때나 타인과 교류할 때 긍정적인 표정을 짓는다면, 아이 또한 이것을 모방하며 배우게 되겠죠.

반면에 엄마가 일상에서 지적이나 질타를 하고 언성을 높이며 부정적인 표정을 자주 짓는다면 아이도 사회적 관계를 넓혀나갈 때 비슷한 양상으로 타인들을 대하게 됩니다. 그렇기에 아이의 친밀한 대인 관계 발달을 위해서 그리고 건강한 정서 발달을 위해서 부모는 의식적으로라도 긍정적인 표정을 짓고 아이와 교류하는 게 좋습니다.

② 아이의 성장을 좌우하는 부모의 말 습관

부모의 말은 표정만큼 아이의 회복탄력성 형성에 큰 영향을 미칩니다. 영아기 때는 부모의 표정, 몸짓, 행동으로 아이와 연결된다고 하면, 그 이후로는 부모의 말이 큰 영향을 미친다고 할 수 있습니다. 아이는 태아 때부터 부모의 목소리, 즉 말을 듣고 반응합니다. 그리고 부모와 가장 밀접하게 많은 시간을 보내며, 부모의 표정, 말, 사고방식까지 닮아가죠.

유아기는 부모를 통해 세상을 배우는 시기입니다. 보고 듣고 만지고 모방하며 많은 것을 습득하고, '언어 폭발기'라고 불릴 정도로 언어를 배우는 데 중요한 시기입니다. 이 시기에는 특히 부모의 말과 말투에 주의를 기울여야 합니다.

부정적인 말을 많이 하는 부모 밑에서 자란 아이는 세상을 부정적으로 보게 되고, 긍정의 말을 듣고 자란 아이는 단단한 애착 형성을 바탕으로 긍정적인 자아를 형성하게 됩니다. 평소 부모의 말 습관이 엄청 중요하다는 이야기지요.

긍정의 말을 사용한다고 해도 말하는 방식, 톤이나 단어 선택에 따라 아이가 받아들이는 게 전혀 달라질 수 있습니다. 단조로운 톤보다는 다양한 목소리 톤과 바른 말, 긍정의 말에서 아이는 사랑받고 있음을 느낄 수 있습니다. 아이와 대화할 때 추임새나 리액션을 크게 해주는 것도 도움이 됩니다.

아이가 아동기에 들어서면 보통 부모의 긍정적인 말 또는 애정 넘치는 행동이나 표현이 서서히 줄어듭니다. 유아기 때는 크게 반응해주던 것들도, 따뜻한 위로나 칭찬을 남발하던 것들도 시들해지지요. 아무래도 학교에 입학하여 공부나 학원 챙기는 일이 많아지면서 감정에 대한 대화보다는 "○○ 했니?" "숙제는?" "○○해"와 같은 지시어가 늘어납니다. 어른도 지속해서 누가 시키면 하던 것도 하기 싫어지는 마음이 들듯이 아이도 마찬가지입니다. 또한 계속 지시만 듣다 보면 '나를 믿지 못하나?' 하는 의구심까지 들게 됩니다. 지시어보다는 권유나 질문형으로 돌려 말하는 지혜를 발휘해보는 것도 현명한 부모의 말 습관이 되겠죠.

청소년이 되면 부모에 대한 의존도는 급격히 낮아지고, 대부분 독립된 일상으로 채워집니다. 부모와의 대화도 현저히 줄지요. 이 시기에는 특히나 더 노력해서 대화의 문이 닫히는 것을 방지해야 합니다. 부모가 말을 많이 하기보다는 아이의 말을 더 들어주도록 노력하는 게 맞습니다. 아이와 소통의 끈을 놓지 않고 이어가야 하는 시기입니다. 아이의 의견을 존중해주고 언제든 부모는 네 편이라는 것을 알려주며 아이와의 연결이 느슨해지지 않도록 노력하세요. 아이가 성장함에 따라 부모와의 연결도 유연하게 조절해야 회복탄력성이 아이의 마음에 제대로 뿌리내릴 수 있습니다.

③ 변화하는 부모와 아이의 관계

아이와 부모와의 연결은 시작도 중요하지만, 아이가 성장함에 따라 변화하며 지속되어야 합니다. 아이는 계속 자라나는데 이전과 똑같이 바라본다면 문제가 발생할 수 있습니다.

신생아기에는 수유하고, 기저귀를 갈아주고, 잠을 재우거나 목욕을 시키는 본능적인 욕구에 즉각적이고 민감하게 대응해주는 것이 부모의 역할입니다. 아이가 보내는 여러 가지 신호들을 이해하고 일관되게 대응함으로써 건강한 애착과 신뢰감을 형성해 깊은 관계로 연결되는 것이지요.

유아기는 특히 아이의 균형 있는 발달을 위해 노력해야 할 시기입니다. 아이의 인지, 언어, 신체 발달을 위한 환경을 만들어주고, 자조 능력을 키워주고, 행동의 옳고 그름을 알려주고, 사회 구성원으로 살아가는 데 꼭 필요한 규칙들도 가르쳐야 합니다. 이를 통해 아이는 긍정적인 자아 개념을 형성해나갈 수 있어야 하지요. 이처럼 유아기의 부모 역할이란 양육자, 훈육자, 발달을 도모하는 환경 조성자라고 정의할 수 있습니다.

아동기가 되면 여전히 훈육자의 역할은 지속하되, 한 걸음 뒤로 물러나 아이의 생각을 듣고 인정해주고 격려해야 합니다. 이때 부모는 아이의 곁을 든든하게 지켜주는 버팀목이자, 격려자, 조력자여야 합니다. 여기에 한 가지를 더한다면, 학령기에 맞게 학습에 필요한 여러 경험을 제공해주어야 한다는 것입니다.

청소년기에 접어들면, 부모에게 도움을 청하거나 의존하는 빈도는 줄고, 부모와 별개로 만나는 또래나 사회적 타인들과 보내는 시간이 길어집니다. 이 시기에는 아이를 독립적인 존재로 인정하여 의견을 존중해주고, 문제를 해결하거나 중요한 결정을 할 때 서로 협력하는 수평적 관계를 형성해야 합니다. 부모 외에도 건강한 관계를 맺고 의지할 수 있는 주위 사람들과 연결되는 방법을 찾아나가도록 도와야 하죠. 도움이 필요할 때 적절한 사람을 찾아 도움을 청할 수 있다는 것을 일깨워주어야겠습니다. 내 삶의 방향을 잡아나가는 데 결정적인 역할을 해줄 안내자, 즉 멘토를 만날 수 있다면 더욱 좋겠지요.

아이와 부모의 관계는 아이의 성장에 맞춰 이처럼 변화해야 하지만, 결코 변하지 말아야 할 중요한 사실이 있습니다. 부모는 언제나 네 곁에 있고, 늘 네 편이며, 언제든 찾아와 의지할 수 있다는 메시지를 아이의 마음속에 뿌리 깊게 심어주는 것입니다.

친구, 사회적 관계

부모와의 첫 연결을 시작으로 아이들은 더 큰 사회로 나아갑니다. 더 많은 사람과 연결되며, 관계의 깊이와 양상도 그만큼 다양해집니다. 이렇게 맺어가는 대인 관계 안에서 의지하고 힘을 받아 신뢰감이나 안정감을 느끼며 삶을 즐겁게 일구어나갈 수 있지요. 하지만 한편으로는 이 관계들로 인해 스트레스를 받아 초조함이나 불안감을 느끼고, 심한 경우 절망감에 빠질 수도 있을 것입니다.

어렸을 때는 부모에게 기대며, 가정에서 받는 기운으로 어려움을 극복해나가지만, 더 큰 사회에서 마주하는 난관들은 타인과의 확장된 연결 안에서 힘을 받고 이겨내게 되기도 합니다. 특히 아동기를 넘어 사춘기로 접어들면, 부모 이외에 친구나 선생님들과 시간을 더 많이 보내게 되고, 또 난관의 종류에 따라 부모보다는 옆에 있는 친구나 선생님에게 의지하는 것이 더 도움이 될 때도 있습니다.

이렇듯 아이는 가정을 떠나 사회 속 타인들과 건강하고 친밀한 관계를 맺게 되는데, 이런 대인 관계에서 가장 중요한 키워드는 소통과 공감입니다. 부모와의 관계와는 또 다른 수준의 사회적 능력이 필요한 셈이죠. 부모와 자식 간에도 소통과 공감이 필요하지만, 다소 부족해도 관계를 이어나갈 수 있죠. 부모가 아이를 잘 알기도 하지만, 아직 어린아이들에게는 부모가 대부분 맞춰 주니까요. 예를 들어, 아이가 의사소통 능력이 다소 부족하더라도 부모는 아이가 무엇을 원하는지 알고, 간혹 이해되지 않는 행동을 해도 가족이기에 받아주려고 노력합니다.

그러나 가족을 떠나 만나는 또래 관계 안에서는 소통과 공감이 없다면 관계를 더 발전시켜나가기 어렵습니다. 나를 적절하게 표현할 줄 알고, 타인의 의사도 이해하고, 나와 타인과의 관계 안에서 벌어질 수 있는 여러 문제를 스스로 다루어야 하기 때문에 더 높은 수준의 사회적 기술이 필수가 됩니다.

이러한 소통 능력과 공감 능력은 앞서 소개한 ABC 요법을 활용해 키울 수 있습니다. '감사'는 긍정성을 향상시키고, '자기 신뢰'는 자존감의 근원이 됩니다. 긍정적이고 자존감이 높은 아이는 타인의 말이나 행동 또한 긍정적으로 바라볼 수 있고, 나와의 다름도 존중해줄 수 있습니다. 그래서 타인의 마음에 공감하는 역량이 생기는 것이죠. 또한 타인과 교류할 때 '자기 조절'을 통해 생각이나 행동을 조절하니 소통도 더 원활하게 할 수 있게 됩니다.

ABC 요법은 원활한 대인 관계에 필요한 자원인 동시에 회복탄력성을 키워주는 도구입니다. 이 도구들로 타인과 좀 더 깊고 친밀하게 연결될 수 있다면 우리 아이는 어떤 난관이나 좌절이 닥쳐와도 강력한 회복탄력성을 발휘할 수 있습니다. 내 안에 숨어 있는 내적 능력과 타인과의 건강한 연결을 바탕으로 시련을 거침 없이 헤쳐나갈 수 있을 테니까요.

이쯤 되면 타인과의 연결에서 아이가 구체적으로 어떤 힘을 받을 수 있는지 궁금해질 수 있습니다. 대인 관계는 시간이 흘러 감에 따라, 아이가 성장함에 따라, 노력의 여부에 따라, 환경적인 변화에 따라 지속적으로 변하기 마련입니다. 주변에 많은 사람과 다양한 관계를 맺는 것도 중요하지만, 그 안에서 진심으로 신뢰하고 마음을 나눌 수 있는 소수의 사람, 아니 단 한 사람이 반드시 필요합니다. 아이에게 다음과 같은 3가지 선물(3H)을 선사하는 존재가 되어주거든요.

- **심장이 주는 선물**Gifts of the Heart : 정서적 도움
- **손이 주는 선물**Gifts of the Hands : 실질적인 도움
- **머리가 주는 선물**Gifts of the Head : 정보성 도움

미국에서는 협동을 필요로 하는 커뮤니티를 구성하는 여러 분 야에서 3H 방법론을 많이 활용합니다. 예를 들면 회사 내 커뮤니 티, 지역 사회의 공동체, 종교 단체, 교원 연수 등에서 대인 관계를 이 3가지를 들어 강조하고 유대감이나 결속력을 강화하는 것이 지요.

살아가는 동안 난관이나 좌절을 마주했을 때 아이는 타인으로부터 문제 해결에 꼭 필요한 정보를 제공받을 수 있고[Gift of Head], 옆에 함께 있어주는 것만으로 정서적 도움을 받을 수 있으며[Gift of Heart], 내 일처럼 팔을 걷어붙여 준다면 실질적인 도움[Gift of Hands]을 받을 수도 있습니다. 이러한 3가지 도움은 대인 관계에 있어서, 더 나아가 회복탄력성에 있어서 중요한 요소입니다. 아이에게 3H를 선사하는 타인과의 연결은 어찌 보면 회복탄력성의 핵심이라고 볼 수도 있겠습니다.

공부와 연결하기:
동기부여와 목표 설정

앞서 말했듯 한국은 자녀 교육에 부모가 모든 에너지를 쏟는
다고 해도 과언이 아닐 만큼 교육열이 높습니다. 한국 사회의 과
도한 사교육과 성적 중심의 교육 문화 속에서 우리 아이들은 다
른 나라 아이들에 비해 공부와 관련되어 더 많은 스트레스와 좌
절을 맛보게 되는 것 같습니다. 더 많은 시험과 평가들 안에서 좌
절감을 더 자주 느낄 수밖에 없는 구조이기 때문이죠.

이로 인해 아이들은 한순간에 공부를 포기하는 경우도 있는
데, 이것이 수포자, 영포자와 같은 말이 생겨난 이유이기도 하죠.

시험이나 평가가 아니어도, 공부에서 비롯된 스트레스는 많습니다. 부모의 기대, 친구들 사이의 경쟁, 성적으로 인한 자존감 하락, 삶의 목적 상실, 상상을 초월하는 많은 숙제와 공부량은 해도 해도 끝이 안 보인다고 생각될 수 있습니다. 이러한 공부에서 파생된 다양한 난관들이 회복탄력성을 흔들고, 내 안에 잠재된 회복탄력성 도구들을 꺼내 쓰는 법을 잊게 만듭니다.

아이들이 공부라는 긴 여정에서 마주할 여러 난관을 이겨내기 위해서는, 회복탄력성을 공부와 연결해 꾸준히 연마해나가야 합니다. 궁극적으로 공부란 대학교, 대학원에서 끝나는 것이 아닙니다. 사회에 나가서도 새로운 것을 계속해서 배우며 자격증을 취득해야 하기도 하고, 학교에서 배우지 못한 다른 기능 또는 역량들을 지속해서 늘려나가야 하죠. 인생은 공부의 연속이라고 볼 수 있습니다.

이렇게 긴 공부의 여정에서 어떻게 회복탄력성을 활용할 수 있을까요?

긍정적인 공부 정서, 동기부여에서 출발

자신이 무엇을 좋아하고, 무엇을 잘하는지 알고 이것을 더 개발하기 위해 시간과 노력을 투자하는 아이들이 얼마나 있을까요? 공부를 왜 해야 하는지, 왜 잘해야 하는지 목표나 동기를 가지고 하는 아이들은 또 얼마나 될까요? 학생이니까 공부를 해야 하는 것, 부모님께 칭찬받고 싶어서, 또는 부모님께 꾸중을 들을까 무서워서 그냥 하는 아이들이 있기도 하겠죠.

부모님이 설계한 방과 후 사교육 스케줄에 따라 학원에 또 학원을 돌며 과다한 숙제를 하다 보면 심리적 부담도 생기고, '왜 이렇게 힘든 것을 계속해야 할까' '언제쯤 맘껏 놀 수 있는 날이 올까' 등 온갖 부정적인 생각이 들기 마련입니다. 공부를 하는 목표나 동기가 없기 때문입니다.

먼저 공부라는 것 자체를 부정적으로, 하기 싫은 것, 힘든 것이라고 생각하는 인식부터 바꾸어야 합니다. 동기를 갖고 목표를 설정해서 한 걸음씩 다가가다 보면, 공부라는 것이 그렇게 나쁜 것만이 아니라는 걸 알 수 있습니다. 이렇게 생각이 바뀌면, 공부를 바라보고 임하는 자세가 달라지죠. 변화되어가는 과정에서 아이는 다양한 회복탄력성의 자원을 활용하며 더 단단하게 자라날 수 있습니다.

그렇다면 공부에 대한 부정적인 인식이 생기지 않게 하려면 어떻게 해야 할까요? 아이들 어릴 적 성적은 부모의 성적이라고 말해도 과언이 아닐 만큼 부모의 노력에 영향을 받습니다. 조기교육, 학원 과외 등등 부모가 이미 그려놓은 지도대로 아이들은 수동적으로 교육을 받고 성적을 올립니다. 이렇게 공부의 시작이

내가 주체가 된 것이 아니라 누가 시켜서라면 즐거운 감정으로 할 수 있을까요? 아이 자신이 주체가 되어 공부 계획을 세워보고 실천해봐야 합니다.

방과후 프로그램을 고민할 때 아이의 의견을 물어보길 바랍니다. 아이가 어떤 것이 재미있는지, 어떤 것을 잘해보고 싶은지 말이죠. 딱히 의견이 없다면, 친하게 지내는 친구를 예로 들거나 영상을 보여주면서 관심을 끌어낼 수도 있습니다. 미취학 때는 예체능을 시켜야 한다고 하니, 대다수가 많이 하는 것을 시키는 식이면 곤란합니다. 아이에게 여러 가지 선택지를 보여주고 같이 골라보는 것도 좋습니다.

"○○는 피아노를 치는데, 자기가 좋아하는 콩순이 주제가를 친대. 재밌겠지?"

"○○는 수영을 하는데, 그 덕분에 여름에 리조트에 놀러 가서 튜브 없이도 잘 놀았다고 하네?"

월드컵이나 올림픽 영상을 같이 보면서 아이의 관심도를 살펴볼 수도 있겠습니다. 이렇듯 일상에서 아이들이 자연스럽게 접해보면서 흥미를 이끌어낼 수도 있습니다.

예체능을 떠나 학습적인 것도 비슷한 접근법으로 다가가면 됩니다. 예를 들어, 초등학교에 입학하기 전에 한글을 배웠으면 싶은데 아이가 도무지 관심은 보이지 않고 놀기만 해서 걱정된다면 한글을 써야 하는 동기를 만들어주면 됩니다.

저의 큰딸 같은 경우는 3세부터 한글 민감기가 와서 글씨를 읽고 쓰는 것에 관심이 많고 배우고 싶어 했지만, 막내 같은 경우는 6세가 되어도 도무지 관심이 없었습니다. 그런데 어느 날, 언니가 카톡으로 할머니 할아버지와 문자 주고받는 것을 보더니, 갑자기 한글 공부를 하고 싶다고 하더라고요. 비슷한 시기에, 아이의 친구들이 서로 그림을 그리고 편지를 써서 주고받았는데, 이런 환경이 아이의 내적 동기를 불러일으킨 셈이죠.

이렇게 동기가 확실하다면 배우고 싶어지고, 하다 보면 모르던 것을 알게 되며 뿌듯함과 성취감도 느끼니, 배움의 즐거움을 맛보게 되는 것이죠. 그러면 공부하는 과정도 조금 더 수월해지기 마련입니다.

즐거운 감정으로 공부하면, 신경 세포 사이의 회로 연결 가능성을 높여주어 새로운 신경 회로를 형성한다고 합니다. 반대로 실망, 절망에 빠져 있으면, 억제성 신경계를 활성화하여 공부에 도움이 안 된다고 하죠. 다시 말해 부정적인 사고는 회로의 흐름을 방해하거나 억제하고, 긍정적인 사고는 억제성 신경 전달 물질의 활성을 낮추고 흥분성 신경 전달 물질의 활성은 높여줍니다. 아이의 공부 정서가 긍정적으로 발달할 수 있도록 적당한 동기부여와 함께 첫 단추를 잘 끼워보길 바랍니다.

스마트한 목표 설정

우리 아이들이 불안하거나 어려워서 좌절을 느낄 때는 언제일까요? 공부를 해도 결과가 좋지 않을 때 아닐까요?

초등 6년, 중고등 6년, 대학 4년, 여기에 유치원까지 아이들은 20년 가까이 공부하며 성장합니다. 아니, 20년이 지나 직장에 가서도, 배움과 시험은 계속되지요. 우리는 이렇게 언제 끝이 날지 모르는 공부라는 긴 여정 안에서 성공보다는 좌절을 더 많이 마주하게 됩니다. 항상 공부를 잘하는, 성공적으로 보이는 아이마저도, 그 결과를 얻기까지 수많은 실패를 겪어왔고, 그것을 이겨내온 셈입니다. 수없이 넘어지고 고통을 감수하면서 계속 도전해왔기에 성공을 거머쥔 것이죠.

이렇게 힘들고 긴 공부의 여정을 부정적인 감정으로, 싫다고 생각하며 억지로 이어간다면 과연 얼마큼 그 안에서 성공을 경험할 수 있을까요? 그래서 앞에서도 의미 있는 동기부여로 공부 정서를 긍정적으로 형성시켜야 한다고 했는데요, 좋은 동기로 시작했어도 공부의 긴 여정에서 여러 난관에 부딪힐 수밖에 없겠지요. 결과로만 평가하는 시스템 속에서는 성공의 맛보다 실패의 맛을 더 많이 볼 수밖에 없을 것입니다. 그런데 이런 실패감을 덜어낼 방법이 있습니다.

바로 목표 설정입니다. 공부도 스마트^{SMART}하게 목표를 설정해야, 그 험난한 과정에서 난관을 맞이해도 헤쳐나올 수 있습니다. 미국 학교에서는 학생들은 물론 선생님들에게도 목표 설정을 '스마트'하게 하라고 말합니다. 일명 '스마트한 목표SMART GAOL'라고 불리는 방법인데, 목표 설정이 '스마트'하지 못하면, 동기도 사라지고 결과도 좋지 않게 끝나게 됩니다. 이 '스마트한 목표'을 잘 활용하면 공부뿐 아니라 직장에서도 성과를 내는 틀이 될 수 있습니다.

SMART 목표 설정법

구체적인 목표	**S**pecific
측정 가능한 목표	**M**easurable
달성 가능한 목표	**A**chievable
연관성 있는 목표	**R**elevant
시간 제한이 있는 목표	**T**ime-bound

① 구체적인 목표

무엇을 이루고 싶은지 명확히 알아야 합니다. 구체적일수록 좋습니다. 목표를 구체적으로 명시했을 때 그 목표까지 나아가는 과정을 측정하기 쉬워집니다. 예를 들어, 한글 떼기가 목표라고 한다면 '잘 읽기'는 애매모호한 목표입니다. '잘한다'는 것이 주관적이기 때문이죠. 따라서 '받침 없는 글씨 읽기'와 같이 더 명확히 설정하는 것이 좋습니다.

② 측정 가능한 목표

목표를 이루어내는 과정을 측정할 수 있어야 합니다. 목표까지 나아가는 과정을 측정할 수 없다면, 목표에 맞게 나아가고 있는지 없는지를 알 수 없으니까요. '한글 공부 열심히 하기'는 측정이 불가능합니다. '열심히'의 기준이 애매하니까요. '하루에 15분씩 한글 공부하기'가 더 바람직한 목표 설정의 예입니다.

③ 달성 가능한 목표

목표가 도전적인 것도 좋지만, 달성할 수 있는 목표여야 합니다. 목표 설정이 너무 낮은 것도 좋지는 않겠지만, 너무 높다면 사기를 떨어뜨리고 실패를 빨리 맛보게 되겠죠. 도전적인 것과 현실적인 것 사이에서 균형을 잘 맞추어 아이가 달성해볼 수 있는 목표를 설정하는 것이 좋습니다. '한 달에 책 100권 읽기'와 같은 목표는 미취학 아동에게는 무리겠죠. '매일 책 1권 읽기'가 더 알맞은 목표입니다.

④ 연관성 있는 목표

목표에는 단기 목표와 장기 목표가 있지요. 매일, 매주의 목표가 모여서 1년, 5년, 10년 후의 내 모습이 그려집니다. 단기 목표가 장기 목표와 연관성을 가질 때 우리는 더 큰 목표를 향해 일관되게 나아갈 수 있고 이뤄낼 수 있지요. 이처럼 각각의 목표들 사이에 연관성이 있어야 합니다. 이런 결과 지향적인 목표 설정이 가능할 때 더 크게 성장할 수 있습니다.

예를 들어 올해 목표가 '한글 떼기'라면 자모 읽고 쓰기, 간단한 단어 읽고 쓰기, 글밥 수 적은 동화책 읽어보기 등이 이 목표와 관련된 적절한 단기 목표가 되는 것입니다. 가령, 집에 있는 동화책 스스로 읽기는 한글 떼기의 마지막 목표와 연결될 수 있지만, 줄거리 다시 이야기해보기는 한글 떼기와는 무관한 목표가 되는 셈이지요.

⑤ 시간 제한이 있는 목표

목표는 기간이 정해져 있는 것이 좋습니다. 기간이 없다면 아이가 목표를 위해 나아간다고 하더라도 장기전에 되기 일쑤입니다. '나중에 하면 되지' 하고 미뤄도 그만이지요. 기간을 정해놓으면, 아이의 과정을 바라보고 변화와 발전을 파악할 수 있습니다. 따라서 '겨울방학 2개월 동안 한글 떼기'와 같은 목표를 세우면 시간이나 루틴을 세우기에 도움이 됩니다. 또한 그 안에서 단기 목표를 세울 수 있습니다.

이렇게 스마트한 목표를 세웠다면, 이젠 생각을 바꾸어볼 차례입니다.

공부에 대한 고정관념을 바꿔라

어릴 적에는 부모와 아이가 사이가 좋아도, 아이가 학습으로 넘어가 본격적으로 공부를 해야 하는 시기가 오면 사이가 멀어지는 경우가 허다합니다. 공부라는 벽이 둘 사이를 갈라놓았다 해도 과언이 아닌 것 같습니다. 하지만 공부를 벽으로, 넘어야 하는 허들로 여기거나 부정적으로 바라보지 말아야 합니다. 같이 품고 가는 것, 인생의 친구, 나의 인생을 풍요롭게 도와주는 거름 정도로 생각을 바꾸어야 합니다.

공부 관련 잔소리, "○○해라" "몇 점 맞았니?" "실수는 왜 했어?" 같은 말은 아이와 관계만 멀어지게 하고, 아이의 공부에도 정작 도움이 하나도 되지 않습니다. 부모가 무엇을 하라고 하면 아이는 자신 스스로 주체가 되어 공부를 시작한 것이 아니기 때문에 하기가 싫어집니다. 하려고 하던 마음을 품었다가도 놓죠.

아이가 공부에 대한 이미지를 바로 세우고 긍정적인 공부 정서를 갖추려면, 부모가 먼저 공부를 마주하는 태도를 바꾸어야 합니다. 아이에게 주체성을 넘겨주고, 시험의 결과나 점수를 가지고 지적하지 말아야 합니다. 부모가 숫자에 집중하면, 아이 또한 점수에 연연하게 되고, 노력했음에도 불구하고 낙오자라는 생각에서 벗어나기 어렵습니다. 그 결과 힘들게 노력한 것에 대한 뿌듯함을 느껴볼 기회마저 놓쳐 공부를 더 싫어하게 됩니다.

앞서 이야기한 칭찬의 법칙과 마찬가지로, 결과보다는 노력에 집중하고, 그 노력을 인정해주길 바랍니다. 한국에서는 공부에 오답노트를 많이 활용하는 것 같습니다. 아이에게 오답노트가 늘어나는 만큼 너의 지식이 자라나는 거라고 말해주세요. 오답을 실패로 여기지 않고 틀린 덕분에 다시 공부할 수 있고, 몰랐던 것을 제대로 배우게 되었다고 느끼도록 말입니다.

미국 학교에서는 학생이 문제를 틀렸을 때 엑스(X)로 표시하지 않습니다. 엑스는 '아니야' '너 틀렸어'라는 메시지로 전달되지요. 그래서 학생이 틀렸을 경우, 이 문제를 다시 한번 보라고 엑스 대신에 긍정적인 동그라미로 표시합니다.

저는 여기에 조금 더 보태서, 아이가 틀린 경우 처음에는 동그라미로 표시해주고 다시 풀게 합니다. 다시 풀어서 맞혔을 때는 동그라미 안에 눈과 입을 그려 넣어 '행복한 얼굴'을 그려줍니다.

반면 다시 틀렸을 때는 눈을 크게 그려줍니다. 다시 한번 눈을

크게 뜨고 보라는 의미죠. 그런 다음 다시 풀어서 맞으면 아이가
직접 행복한 얼굴을 완성하게 합니다. 모자를 씌우기도 하고, 리
본을 그려 넣기도 하고, 머리카락을 그려주기도 하죠. 더해진 액
세서리나 머리카락으로 인해 더 개성 있고 행복한 얼굴이 완성됩
니다. 이렇게 오답도 실패로 치부하기보다는 배움의 기회로 여기
고 긍정적으로 다시 바라보게 하면 좌절감이 확연히 줄어듭니다.

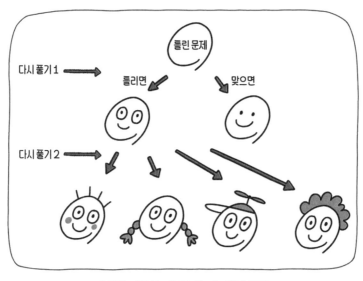

오답을 배움의 기회로 만드는 채점 방식

함께하는 공부의 중요성

공부는 혼자 하는 것이라는 말을 많이 합니다. 어느 정도는 맞

는 말이지만 '따로 또 같이' 하는 것이라고 말할 수도 있겠습니다. "공부해서 남 주냐?"라는 말을 많이 들어보셨을 거예요. 그런데 공부해서 남 주는 것이 맞습니다. 아니, 공부는 남을 줘야 내가 더 잘할 수 있습니다. 내가 아는 것을 친구한테 설명하다 보면 스스로도 개념 정리가 더 잘되어 궁극적으로 내 공부가 되는 것입니다.

저희 아이들은 미국에서 일반 학교가 아닌 프로젝트 기반 학교를 다닙니다. 이미 짜인 표준 교육 과정을 선생님이 일방적으로 가르치기보다 가르쳐야 하는 개념을 프로젝트화시켜서 아이들의 참여를 최대한 이끌어내는 방식입니다. 최소한의 교육 내용만 전달해준 다음, 수업 내용을 삶과 연관시켜 좀 더 현실적인 교육이 되도록 하는 것을 목표로 합니다.

예를 들어 바다생물에 관해 배운다면, 아이마다 관심 있는 동물을 하나씩 골라서 관련된 책을 읽고, 그림을 그리거나 만들고, 수족관에 현장 학습을 갑니다. 프로젝트의 마무리 단계는 지금껏 자신이 스스로 학습한 동물에 관한 리포트를 쓰고, 모든 아이가 자신이 공부한 동물에 대하여 발표하며 서로 배우는 방식으로 진행됩니다. 선생님은 여기서 조력자 역할을 합니다. 더 깊은 질문으로 비판적 사고를 이끌어내고, 보충해서 알아야 할 내용들을 짚어주는 것이죠.

미국 역사를 배울 때는 기차를 타고 멀리 떨어진 지역에 가서 박물관이나 유적지를 탐방하며 교육이 시작됩니다. 매년 전교생과 그들의 가족, 선생님과 선생님들 가족까지 1박 2일로 캠핑을 가는데, 이때 일정이나 프로그램은 아이들이 주도해 짭니다. 아이들은 학교에서 미리 협동하여 텐트 치는 연습을 하고, 어떤 음식을 먹을지 회의하고, 그 많은 사람이 먹으려면 얼마큼을 사야 할지 계산하여, 예상 금액을 걷고, 직접 슈퍼에 가서 장도 봅니다. 캠핑 일정으로 등산 코스도 직접 짜고, 장기자랑도 준비합니다. 캠핑에 가서는 고학년은 직접 음식을 하고, 저학년은 뒷정리를 하는 식으로 모든 아이가 참여합니다. 선생님과 어른들은 운전만 해줍니다.

또한 1, 2학년이 한 교실에 모이고, 3~5학년이 한 교실에 모여 서로 섞여서 배웁니다. 간혹 한국의 부모들이 저에게 물어봅니다. "1학년이나 3학년일 때는 상위 학년들과 같이 배우니 도움이 되겠지만, 2학년이나 5학년이 되면 좀 불리한 거 아닌가요?"라고 말이죠. 그렇게 볼 수도 있습니다. 그런데 상급생도 동생들과 함께 공부하며 얻는 것이 많습니다. 먼저 비고츠키의 비계설정 이론으로 간단하게 대답해본다면, 아이는 자신보다 어린아이들을 도와주고 다시 가르치면서 이미 알고 있는 개념들을 단단하게 다지고, 새로운 능력들을 발달시켜나간다고 합니다.

같은 학년끼리 수업을 받을 경우, 또래보다 빠른 아이나 적극적인 아이는 리더십을 발휘하고 더 발전하지만, 속도가 조금 느린 아이나 소극적인 아이라면 리더십 기회를 얻고 키우기 어렵습니다. 계속 빠르고 적극적인 아이들이 먼저 행동할 테니까요. 그런데 다른 학년이 한 교실에서 수업할 경우, 늦된 아이나 소극적인 아이도 리더의 역할을 자연스럽게 이행해보며 그 능력을 키워갈 기회를 얻게 됩니다. 그러면서 자신감, 자존감, 자기 효능감, 사회성, 유연성까지 향상되는 것이죠. 이 요소들이 다 회복탄력성의 자원이라는 것은 이미 앞서 다 이야기한 부분이죠.

혼합반에서는 무엇보다도 진짜 세상을 배운다고 할 수 있습니다. 사회에 나가면 나이나 경험, 능력치들이 다양한 환경 안에서 교류하며 타인을 이해하고, 나를 표현하며 살아가야 하기 때문이죠. 제 첫째는 이 학교를 유치원 때부터 6년을 다녔습니다. (정확히 말하자면, 코로나 사태를 피해 한국에서 지낸 1년을 빼고 5년을 다녔다고 말씀드려야 되겠네요.) 그 학교에서 지내며 더 어린 친구들 수준에 맞게 설명도 해주고 도와주며 학습하는 경험을 많이 쌓다 보니, 저희 막내가 저보다 언니를 찾는 경우가 더 많습니다. 언니가 더 기가 막히게 설명을 잘해주거든요.

지금은 6학년이 되어서 공립 중학교로 가게 되었습니다. 프로젝트 기반 학교에서 공립학교로 가게 되니, 학기 초에 교실에 들어가면 아는 친구가 한 명도 없었죠. 하지만 친구들에게 파워포인트 쓰는 법, 모르는 문제들을 친절하게 가르쳐주며 새 친구들과도 쉽게 어울리고 학점도 매 학기 4.0 만점에 4.0을 꾸준히 받아옵니다. 기질상 남 앞에 나서는 것을 좋아하지 않고 소극적이라 발표도 안 하는 아이였는데, 이 부분도 지금은 많이 향상되었습니다.

제 경험을 잠깐 이야기해보면, 컬럼비아대에서 박사과정을 할 당시는 풀타임 현직 교사로 일할 때라 읽어야 할 책과 논문 분량을 혼자서는 감당하기 어려웠어요. 미국에서 박사과정을 밟는 학생들, 특히 교육 전공 학생들은 오전에는 리서치 연구원으로 일하거나, 저처럼 학교 현장에서 교사로 일하는 경우가 많습니다. 그래서 박사과정 학생들끼리 모여서 책을 나눠 읽고, 각자 요점 정리한 것을 공유하며 공부하곤 했어요.

이런 공부 협력은, 학교를 졸업하고 직장 생활을 할 때도 반드시 필요한 능력입니다. 혼자 일을 한다고 해도, 결국에는 혼자 처리할 수 없고, 동료와 협력해서 일해야 하는 상황이 많죠. 공부라는 것은 학교에서만 하는 것이 아니라, 새로운 지식을 습득하며 몰랐던 부분을 채워가는, 인간의 끊임없는 성장 여정이라고 볼 수 있습니다. 그렇기에 공부란 '따로 또 같이' 그리고 나누며 하는 것이 더 효율적입니다.

공부 환경이 주는 힘

마지막으로 공부는 어디서 해야 효과적일까요? 공부는 항상 조용한 방 안에서, 교실에서, 바른 자세로 앉아서 해야 한다고 생각하시나요? 방해 요소가 없는 정적인 공간에서만 가능한 걸까요?

바람 한 점 불지 않는 정적인 작은 공간에서 반복적인 자극에만 노출된다면 사람의 뇌는 제대로 일 처리를 하지 못합니다. 뇌 기능이 저하되어 집중도 못 하고 기억력도 떨어지죠. 또한 인간의 몸은 활동이 없으면 내부 수용 감각이 부정적으로 활성화되며 스트레스를 받게 된다고 합니다. 공부한다고 자리를 보전하는 것 자체가 스트레스 상황이 되는 것이지요.

뇌가 제대로 기능을 발휘할 수 있도록, 야외에도 나가고, 햇볕도 쬐고, 바람도 쐬고, 몸을 움직이는 산책, 그리고 운동을 하면서 공부를 하는 것이 더 효율적입니다. 한국 학생들은 작고 밀폐된 공간, 도서관에서 공부하는 것이 보편화되어 있지만, 간혹 영화에서 비추어지는 미국 대학 캠퍼스를 보면 학생들이 학교 잔디밭에 누워서 책을 읽거나 야외에서 수업하는 모습을 보기도 했을 것입니다.

하버드대 재학 당시 엄청 눈이 많이 오는 겨울을 빼고, 특히 가을 학기 초에는 캠퍼스 잔디밭에서 햇볕을 쬐며 책을 읽거나 나무 밑 그늘에서 노트북을 꺼내 리포트를 쓰는 학생들을 많이 봤습니다. 중앙 도서관을 올라가는 계단에는 많은 학생이 앉아서 책을 읽는 통에 그 친구들을 피해 굽이굽이 계단을 올라가야 했죠. 도서관 안에도 편안한 소파들이 여기저기 비치되어 있어서 저 또한 그 소파에 누워서 잠도 자다가 다시 일어나서 책을 읽기도 했습니다. 학업으로 밀폐된 공간에서 억눌려 있는 것보다는 잔디 냄새를 맡으며 바람도 맞아가며 책을 읽으면 스트레스가 줄어 공부의 효율이 더 오를 수 있습니다.

한국에서는 '거실 공부법'이라는 이름으로 아이들을 방보다는 거실로 나오게끔 하여 가족들과 더 많은 시간 같은 공간에서 학습하는 가정도 많습니다. 혼자 방 안에서 공부하면 고립된 느낌이 들 수 있고 딴짓을 하기도 쉽지만 거실에서 공부하면 가족들과 소통하며 덜 외롭고 더 집중해서 공부할 수 있습니다. 공부가 잘 안 될 때는 부모나 형제들과 소통하며 잠깐 쉬어 가기도 하고, 모르는 것이 있으면 서로 묻고 의지하고 도우며 진행할 수 있기 때문에 효과가 좋습니다.

하버드대나 컬럼비아대 도서관에도 한국처럼 칸막이가 있는 구역도 있지만, 높은 천장과 뻥 뚫린 공간에 있는 넓은 책상 자리가 인기가 더 좋습니다. 그래서 기말고사 기간인 학기 말에 그 자리를 맡으려면 도서관 문 여는 새벽 시간에 가야 하죠. 저도 칸막이가 있는 자리에서는 숨 막히는 느낌을 받았습니다. 탁 트인 공간이 심리적으로 더 안정감을 주어서 공부가 더 잘됐습니다.

기말고사 기간에는 도서관뿐만 아니라 학교 스포츠센터도 만원이 됩니다. 공부에 특히 집중해야 하는 시기에는 학생들이 운동도 많이 한다는 것인데, 공부와 운동은 관련이 깊습니다.

운동과 연결하기:
뛰어놀며 배우는 것

요즘 아이들은 우리가 자라던 시절과 비교해본다면 바깥에서 노는 시간과 운동량이 현저히 적습니다. 운동이 신체뿐만 아니라 정신건강에 기본이 된다는 것은 누구나 알지만, 여러 가지 이유로 지키기 쉽지 않은 것이 현실이죠.

초등학교에 입학하면서 국영수 학습 위주의 빡빡한 학원 스케줄이 당연시되는 데다 미세먼지로 인한 바깥 활동 제한은 아이들이 자유롭게 밖에서 뛰어놀 기회마저 앗아갑니다. 또한 IT의 발달로 아이들은 공부하거나 휴식을 취하거나 놀 때도 태블릿이나 컴

퓨터와 같은 전자기기를 사용하기 때문에 움직임이 더 제한되어 가고 있습니다.

움직임을 유도하는 것은 아이의 회복탄력성 증진에 도움이 됩니다. 운동이 어떻게 회복탄력성 향상에 도움이 되는지, 그리고 운동을 아이의 삶에 어떻게 연결할 수 있는지 알아보겠습니다.

운동이 학습에 끼치는 영향

먼저 운동은 아이의 건강을 지켜줍니다. 움직이며 칼로리를 소모하니 더 잘 먹고 잘 자는 건강한 생활습관이 형성될 수밖에 없지요. 꾸준한 운동으로 생활습관이 바르게 형성된 아이는 어른이 되어서도 이를 유지하게 되어 건강한 성인으로 성장하게 됩니다. 근력 운동을 하면 뼈 또한 튼튼해지고, 유산소 운동은 두뇌 활동을 촉진해 기억력과 집중력이 향상된다고 하죠.

운동에 학습 능력 증진 효과가 있다는 건 이미 수많은 연구들로 증명되었습니다. 미국 학교 커리큘럼에는 아이들의 움직임을 유도하는 활동이 있습니다. 수업 중간에 교실 문을 열고 나가 운동장 끝까지 뛰어갔다 돌아오게도 하고, 교실 안에서 점프하거나 춤을 잠깐 춘다든지 해서 몸을 움직이게 하죠. 아이에게 운동을 시키라고 하면 학원에 가서 뭔가 배워야 한다고 생각하는 부모가 있는데, 놀이터나 공원에 나가 노는 것도 운동이 됩니다.

운동은 학습뿐 아니라 정서에도 도움을 줍니다. 뇌 안의 혈액 순환을 향상시켜 호르몬 밸런스에 도움이 되기 때문에 기분이 좋아지거든요. 뇌에 혈액이 잘 돈다는 것은 도파민, 세로토닌과 같은 신경전달 물질을 만들고 보내는 데 도움이 된다는 말입니다. 행복 호르몬들로 인하여 기분이 좋아지면 스트레스가 줄고 행복감이 높아지겠죠. 이러한 긍정적 정서는 주변 사람들과의 관계 형성에도 좋은 영향을 미치게 되고, 학습 효과도 높여줍니다.

마지막으로 운동을 하면 자기조절능력 또한 향상될 수 있습니다. 다들 알다시피 운동을 하면 더 잘 자고 잘 먹게 됩니다. 사람은 충분한 휴식을 했을 때 집중력이 높아지고, 좀 더 현명하게 문제를 해결해나갈 수 있는 결단력을 가질 수 있습니다. 또한 운동을 함으로써 집중력이 향상되고 충동성이 줄어듭니다. 유산소 운동을 하면 뇌 활동이 활발해지며, 엔돌핀 수치가 증가해 스트레스가 줄고 기분이 좋아집니다.

이 모든 이점이 회복탄력성의 자원입니다. 운동을 하면 몸만 건강해지는 것이 아니라 정신적으로도 건강해지며, 시련을 바라보고 대하는 자세가 달라집니다. 운동이 좌절해도 다시 일어나는 힘이 된다는 것을 잊지 마시길 바랍니다.

그렇다면 아이들이 운동을 꾸준히 이어가려면 어떻게 하는 것이 좋을까요?

운동 루틴을 만들어라

억지로 운동을 시키기보다는 운동에 대한 좋은 이미지를 심어주고, 아이 스스로 관심을 갖게 하는 것이 좋습니다. 또한 정기적으로 몸을 움직이며 스트레스를 풀 수 있는 통로를 개척해주는 것, 운동 루틴을 만들어주는 것이 부모의 역할이겠죠.

어린 시절부터 운동을 하며 긍정적인 경험을 쌓는다면, 운동을 하며 재미있었던 기억, 뿌듯했던 기억, 힘들지만 참고 노력하여 얻은 짜릿한 순간들을 몸이 기억하게 됩니다. 또한 아이가 성장하며 스트레스나 좌절을 맛볼 때 운동을 통해 건강하게 스트레스를 푸는 방법을 알고 실천하게 되겠죠.

그러기 위해서는 먼저 우리 부모부터 운동을 일상에서 꾸준히 실천하는 모습을 보여주고, 운동이란 일상에 유익할 뿐 아니라 즐거운 것임을 아이에게 전해주는 것이 가장 중요하겠죠. 운동 루틴을 만들기 위한 팁을 다음 10가지로 정리해보았습니다.

운동 루틴을 만드는 10가지 팁

① 아이가 재미있어하는 운동으로 시작한다.

운동을 연상하면 긍정적인 생각이 들 수 있도록, 강제성이 없도록, 즐거운 경험이 되도록 긍정적으로 시작해주세요.

② 부모도 운동을 꾸준히 하는 모습을 일상에서 보여준다.

아이는 부모의 생활습관을 보고 그것이 좋은 것이든 나쁜 것이든 따라가기 마련입니다. 부모가 운동하는 모습을 보여주면, 아이도 자연스럽게 운동과 가까워지고, 가족 모두 같이 할 수 있는 운동을 찾아보는 것도 좋습니다.

③ 일주일에 3번 운동 스케줄을 루틴에 넣는다.

시간이 없다고 일주일에 한 번 혹은 두 번, 주말에만 몰아서 하는 것보다는, 주중에 30분씩이라도 3~4번씩 꾸준히 하는 것이 더 효과적입니다. 일상의 루틴으로 지속해서 운동하다 보면 어느덧 좋은 습관으로 자리 잡겠죠.

④ 운동을 싫어하는 아이라면 우선 일상에서 몸을 움직여보는 경험을 늘린다.

처음부터 특정 운동을 하는 것보다는 학교까지 걸어서 통학한다든지, 설거지나 세차를 돕는다든지 일상에서 몸을 더 움직여보는 경험을 늘려가는 것이 좋습니다. 재미를 더하기 위해서 저녁 먹고 가족들과 몸을 움직이는 게임이나 같이 춤을 춰보는 것도 좋겠습니다.

⑤ 아이가 선호하는 운동을 찾아본다.

아이가 즐겁고 좋아해야 지속할 수 있겠죠. 아이가 먼저 관심을 보이지 않으면, 친한 친구를 이용하여 관심을 끌어낼 수도 있고, 부모가 즐겁게 운동하는 모습을 보여주거나 미디어를 통해 여러 가지 운동을 보여주면서 다양한 선택지를 제시하는 것도 좋습니다.

⑥ 팀 스포츠 경험을 쌓는다.

유아기에 축구나 농구 같은 팀 스포츠를 하는 것은 사회성 발달에도 도움이 됩니다. 팀 안에서 규칙을 배우고, 서로 간의 의견을 내고 절충해나가며 또래와 어울리는 법을 배우게 되니까요. 또한 팀 스포츠 안에서 아이들은 서로 협력해야 하고, 다른 사람을 신뢰하고 신뢰받는 경험도 하게 됩니다. 공동의 목표를 위해 함께 노력하고 인내하는 과정도 거치고, 패배의 좌절을 같이 견디어내며 승패를 멋지게 받아들이는 스포츠맨십도 익힐 수 있습니다.

⑦ 미디어와 컴퓨터 사용 시간을 적절히 조절한다.

과도한 미디어 노출과 사용이 아이를 덜 움직이게 만듭니다. 하루에 30분에서 1시간 미만으로 시간을 정해 활용하기를 추천합니다. 그리고 게임을 선택할 때 몸을 움직이는 게임을 활용하면 운동을 좋아하지 않는 아이도 게임에 몰입하며 움직일 수 있습니다.

⑧ 운동 관련 용품을 선물로 안겨준다.

자전거나 축구공, 테니스 라켓이나 수영복 등을 아이에게 선물해주면 동기를 유발할 수 있겠죠. 아이에게 직접 운동 용품을 골라보게 하거나 스마트 워치나 다양한 운동 앱으로 운동을 관리하도록 하면 동기부여가 될 수 있습니다.

⑨ 시합 또는 보상을 활용한다.

식구들끼리 소소하게 줄넘기 또는 제자리 뛰기와 같은 활동을 하며 누가 더 많이 하나 시합을 하는 것도 재미를 더해줍니다. 그리고 각자의 기록을 적어가며 가장 많이 발전한 사람에게 소정의 선물을 증정하면, 이 또한 동기부여가 될 것입니다.

⑩ 야외 활동하기

어쩔 수 없이 실내에서 운동해야 할 수도 있지만, 가능하면 야외에 나가서 햇볕을 쬐고 바람을 맞으며 운동하는 것이 좋습니다. 가족이 다 같이 산책로를 걷거나 자전거를 타는 것, 주말 나들이로 등산을 하는 것도 좋습니다.

나 자신과 연결하기:
나를 알고 삶을 즐겨라

내가 나를 잘 아는 것은 평생에 걸쳐 인지하고 노력해야, 잘 들여다봐야 알 수 있는, 어찌 보면 가장 어려운 기술이라고 볼 수 있습니다. 그리고 나 자신도 시간에 따라 상황에 따라 계속 변하기 때문에, 내 마음을 자주 들여다보고 명상이나 일기 쓰기 등을 통해 나 자신을 이해하는 시간을 가져야 회복탄력성을 내 삶과 연결하여 적용할 수 있게 됩니다.

내가 나를 안다는 것은, 내가 무엇을 두려워하거나 힘들어하는지, 내가 무엇을 잘하고 못 하는지, 내가 무엇을 좋아하고 싫어하는지 아는 것, 현재의 감정도 인지하며 나의 상태를 잘 아는 것입니다. 이를 '메타인지'라고 하죠. 이렇게 나를 잘 들여다보면 나를 압박하거나 힘들게 하는 것들을 직시하게 되어 문제를 파악할 수 있습니다. 먼저 문제를 인식해야 해결할 수 있겠죠.

일상을 행복하게 만들어줄 취미 찾기

회복탄력성이 좋은 사람들을 보면 취미가 많습니다. 또한 내가 무엇을 좋아하는지 알고, 그 일을 취미로 꾸준히 하다 보면 에너지를 재충전할 수 있습니다. 한곳에 몰두하다 보면 다른 어려움을 잊게 되거든요. 또한 취미 활동을 통해 공통점이 있는 타인들과 연결되어, 그 새로운 관계에 의지할 수도 있습니다. 같은 취미를 가진 사람들끼리는 공감대 형성도 더 쉬워서 소속감, 단결심도 느낄 수 있고, 뭔가를 같이 함으로써 더 큰 성취감도 느낄 수 있죠. 좋은 사람들과 함께 있으면 시간 가는 줄 모르고 이야기하거나 그 활동에 푹 빠지게 되니까요. 결국 취미 활동은 사람들과 친밀한 관계를 형성할 수 있게 하여, 회복탄력성을 향상시키는 긍정적인 결과로 이어집니다.

샌프란시스코 주립대에서는 일과 관련되지 않은 취미 활동을 하는 사람에게서 혈압, 우울감, 그리고 스트레스 수치가 낮게 나타났다는 연구 결과를 발표했습니다. 즐거운 활동을 하면 건강한 세포들이 더 많이 연결되고, 이렇게 뇌의 새로운 회로가 만들어지면 행복 호르몬인 도파민의 분비를 촉진한다고 합니다.

아이들도 다양한 경험을 통해 취미를 발견할 수 있습니다. 아이가 산만해 보이고 집중력이 짧다고 생각되다가도, 어느 한순간 다른 활동들에 비해 더 몰입하고 오래 하는 것을 발견한다면, 그것을 취미로 삼을 수 있고, 그 취미를 계속하다 보면 특기가 되기도 합니다. 아직 아이에게 이렇다 할 취미가 없다면, 다양한 경험을 시켜주세요. 운동, 미술, 음악, 뮤지엄, 도서관, 체험 학습, 심지어 아무 계획 없이 훌쩍 떠난 여행에서도 아이는 영감을 받고, 관심이 가는 무언가를 발견할 수 있을 테니까요.

취미를 남는 시간에 하는 여가 활동으로 여길 수도 있지만, 바쁘고 힘든 일상일수록 꼭 챙기는 것이 좋습니다. 취미는 사람의 육체적, 정신적 건강에 있어서, 특히 회복탄력성의 윤활유 같은 것이기 때문입니다. 때가 되면 밥을 먹듯이 취미 활동을 일상의 루틴에 꼭 포함시키시길 바랍니다.

아이뿐만 아니라 부모도 취미 활동을 하면 좋습니다. 취미가 없다면 새로운 것을 배워보는 것을 추천합니다. 새로운 것을 시도하고 새로운 사람들을 만나는 것은 나를 힘들게 하는 것에서 떨어지는 기회가 됩니다. 그리고 새로운 것을 배워가며 나의 생각이 전환될 수 있습니다. 새로운 것을 배워 익숙해지면 어느 순간 즐기고 있는 자신을 발견할 수도 있습니다.

내가 좋아하는 것을 배울 때는 잘하고 싶은 내적 동기도 클뿐더러 즐겁게 임할 수 있습니다. 그래서 힘든 상황이나 스트레스를 자연스럽게 내려놓을 수 있게 됩니다.

나도 모르는 나를 발견하는 일

내가 무엇을 좋아하는지, 무엇을 하고 싶은지, 무엇을 잘하는지 바로 생각이 나지 않는다면 종이를 꺼내 한번 적어 보세요. 평소 궁금했던 것들, 미디어 시청이나 독서, 남들이 즐거하는 것 중에서 나의 호기심을 자극했던 것들을 생각해보는 것입니다. 간혹 사람들이 나에게 해준 칭찬의 말들을 떠올려볼 수도 있겠죠. 잘하는 것이 꼭 있어야만 하는 것도 아닙니다. 좋아하는 것을 한다고 해서 꼭 잘하라는 법은 없으니까요. 좋아해서 자주 하다 보면 잘할 수 있게 됩니다. 좋아해서 할 뿐이지 꼭 잘해야 만족감이 드는 것도 아닙니다. 좋아하는 것을 할 때 마음이 평온해지고 긍정적인 정서를 느낀다면 그것으로 충분합니다. 이렇게 적어 내려가다 보면서 그중 취미가 될 만한 것들을 탐색해보세요.

사람들은 행동에 앞서 '내가 이것을 좋아할까?' '잘할 수 있을까?'와 같이 먼저 생각하고 결정하기 마련입니다. 아직 경험이 없는 상황에서는 "해보니까 어때?" 하고 이미 경험을 해본 주변 사람들의 의견을 묻기도 하죠. 어떤 일을 시작하기에 앞서 장단점을 고려해볼 필요는 있지만, 남에게 들은 경험은 어디까지나 그들의 경험입니다. 내가 직접 경험해봐야 내가 정말 즐길 수 있는지 발견할 수 있습니다. 그러니 생각으로 미리 재단해버리거나 남들의 의견에 너무 치중하지 말고 여러 활동을 탐색하고 직접 경험해보세요. 그리다 보면 나도 모르는 사이에 즐기고 있는 자신을 발견하게 될 수 있을 것입니다.

그렇다면 싫어하거나 스스로 못한다고 생각하는 것에는 어떻게 대처해보면 좋을까요? 먼저 싫어하거나 못하면 왜 안 되는지 되묻고 싶습니다. 사람에게는 싫어하고 못하는 게 있는 것이 당연하니까요. 모든 것을 좋아하고 잘하는 사람은 존재하지 않습니다. 다만 싫어해도 못해도 해야 하는 것이 있다는 것이 문제입니다.

일단 싫어하거나 못하는 것이 별로 중요하지 않은 것이라면 그냥 내버려두면 됩니다. 다 잘하고 싶고 완벽하고 싶은 것은 헛된 욕망일 뿐이죠. 불필요하게 애쓰다가 오히려 자신을 갉아먹을 수 있습니다. 하지만 그것이 매우 중요한 일이고 꼭 해야만 하는 일이라면 관점을 한번 바꾸어보세요. 싫어도 해야만 하는 것에서 나에게 기회를 주는 것으로 바라보는 태도를 바꿔본다면 싫은 감정에서 벗어나는 데 도움이 됩니다. 그리고 '아 다르고 어 다르다'라는 말처럼 '꼭 해야만 하는 것'에서 '할 수 있는 것'으로 긍정 정서를 불어넣어 표현해보세요. 싫었던 것도 할 만한 것으로 인식이 전환될 수 있을 것입니다.

사람의 감정은 부모나 아이나 똑같이 하루에도 수시로 변합니다. 나의 삶을 즐기려면 나의 감정을 인지하고 스스로 잘 다루어나가는 것이 중요하겠지요. 부모의 감정은 의도하지 않아도 표정이나 말, 행동 등으로 아이들에게 전해지기 마련입니다. 아이는 일상에서 부모가 부정 정서에 대처하는 방식을 그대로 습득하지요. 그러니 부모인 나부터 감정을 잘 다루고 긍정적인 태도를 가지려고 노력해야 할 것입니다.

이 책에서는 아이들의 회복탄력성을 중심에 두고 써 내려갔고, 특히 2부에서는 아이들의 회복탄력성을 어떻게 키워줄 수 있는가에 대하여 풀어보았습니다. 이것은 부모들에게도 똑같이 적용되는 이야기입니다. 부모들 또한 일상에서 감사함을 찾아 긍정 정서를 갖고, 자기 자신과 아이를 믿으며, 일상에서 겪는 다양한 감정과 그로 인한 자신의 행동을 조절할 수 있을 때 아이의 회복탄력성도 길러줄 수 있습니다. 그리고 이러한 ABC 요법을 나의 삶과 지속적으로 연결시킬 때 비로소 내면에 잠재되어 있던 아이와 부모의 회복탄력성이 빛이 발하게 될 것입니다.

FAIL
First Attempt In Learning.

"실패는 배우기 위한 첫 시도였을 뿐이다."

실패는 끝이 아닙니다.
성공으로 가는 첫 계단에
발을 들인 것과 같습니다.

그러니 어려움이 닥쳐오면
실패의 긍정적인 의미를 떠올리며
다시 일어나 한 걸음 더
나아가기를 바랍니다.

지니 킴 Jeanie Kim

회복탄력성의 힘

초판 1쇄 발행 2023년 6월 15일
초판 12쇄 발행 2023년 11월 16일

지은이 지니 킴
펴낸이 이경희

펴낸곳 빅피시
출판등록 2021년 4월 6일 제2021-000115호
주소 서울시 마포구 월드컵북로 402, KGIT 16층 1601-1호